U0190892

钢结构工程造价与管理

牛春雷　江一崇　编著

本书阐述了钢结构工程的全过程造价管理，系统分析了工程造价的构成，以及在项目管理的各个阶段，包括设计阶段、工程招标投标阶段、施工阶段及竣工阶段的造价管理方法、程序及管理工作内容。同时，本书将钢结构工程的具体技术实践与造价管理的理论相结合，深入说明钢结构工程的重要技术环节对工程造价的影响，有助于增强技术人员的造价管理意识，也使钢结构的造价管理更具有可操作性。

本书对工程造价管理人员具有指导意义，同时也可供钢结构工程的从业人员，包括业主、设计、监理和施工人员借鉴和参考。

图书在版编目（CIP）数据

钢结构工程造价与管理 / 牛春雷，江一崇编著. 北京 ：机械工业出版社，2025. 3. -- ISBN 978-7-111-77454-9

Ⅰ. TU723. 3

中国国家版本馆 CIP 数据核字第 20253AM767 号

机械工业出版社（北京市百万庄大街 22 号　邮政编码 100037）

策划编辑：薛俊高　　　责任编辑：薛俊高　范秋涛

责任校对：陈　越　丁梦卓　　封面设计：张　静

责任印制：张　博

北京联兴盛业印刷股份有限公司印刷

2025 年 3 月第 1 版第 1 次印刷

148mm×210mm · 5. 125 印张 · 2 插页 · 143 千字

标准书号：ISBN 978-7-111-77454-9

定价：59. 00 元

电话服务

客服电话：010-88361066

010-88379833

010-68326294

网络服务

机　工　官　网：www. cmpbook. com

机　工　官　博：weibo. com/cmp1952

金　　书　　网：www. golden-book. com

机工教育服务网：www. cmpedu. com

前言

工程造价咨询通常是指那些与工程费用直接相关的工作，如在决策阶段，进行投资估算的编制与审核，建设项目经济评价与决策；在设计阶段，进行设计概算和施工图预算的编制与审核；在工程招标投标阶段，进行工程量清单的编制与审核、招标控制价的编制与审核、投标报价的编制；在施工阶段，则进行工程计量与工程款审核；在竣工阶段，进行工程结算与决算的编制与审核等。目前，市场上关于工程造价管理的书籍，也多是围绕上述内容进行论述的。

但客观来说，要对工程造价实施有效的控制，必须在建筑工程的全生命周期内，有效利用专业技术知识，将工程造价管理理论与工程技术实践相结合，对资源、成本、盈利和风险进行全面筹划和控制。具体来说，就是在优化设计方案的基础上，以决策阶段和设计阶段为重点，采用一定的技术方法和措施，实现对工程造价的主动控制，将工程造价的发生控制在合理的范围内。

但各专业知识浩繁，及时识别那些对工程造价有较大影响的技术环节和技术方案，并及时采取应对措施，无疑会比较困难。但对项目管理者而言，他们肯定希望了解在工程进展的各个阶段，抓住哪些技术方案及管理重点，才能对工程造价实现主动管理。

本书便是尝试将工程造价管理的理论与钢结构工程的技术实践相结合。目前，钢结构在建筑工程中得到了越来越广泛的应用，这与钢结构本身具有的优良受力性能，施工技术日趋成熟，造价逐步降低有直接的关系。同时，钢结构还具有施工速度快、环境友好等特点，这使得钢结构工程的综合造价更有竞争力。本书按照设计阶段、工程招标投标阶段、施工阶段及竣工阶段共四个阶段，对各阶段的造价管理方法论进行简要概述，然后从钢结构工程专业的角度，分析论述如何对钢结构工程进行有效的造价管理。这种分析与结合的思路无疑对其他专业如机电工程、装修工程、弱电工程等也有借鉴参考作用。

由于作者水平所限，书中难免有错误和不足之处，敬请广大读者批评指正。

编　者

2024 年 10 月于北京

目录

前言

第 1 章　钢结构工程的技术及管理特点 / 1
1. 1　钢结构工程的材料特点 / 1
1. 2　钢结构构件形式及结构体系 / 5
1. 3　钢结构工程的造价管理特点 / 9
1. 3. 1　设计阶段的造价管理特点 / 9
1. 3. 2　工程招标投标阶段的钢结构造价管理特点 / 11
1. 3. 3　施工阶段的钢结构造价管理特点 / 11
1. 3. 4　竣工阶段的造价管理特点 / 12

第 2 章　钢结构工程造价管理的工作内容 / 13
2. 1　工程项目管理的知识体系 / 13
2. 1. 1　项目管理知识体系的 9 个元素 / 13
2. 1. 2　造价与其他元素之间的关系 / 15
2. 2　国内的工程造价管理体系 / 15
2. 2. 1　工程基本建设的总体流程 / 15
2. 2. 2　工程造价管理的程序及方法 / 16
2. 2. 3　工程造价的计价依据 / 17

2.3 钢结构工程造价的构成 / 18
2.3.1 工程造价的总体构成 / 18
2.3.2 建筑安装工程造价的费用构成 / 19
2.4 钢结构造价管理的工作内容 / 20
本章工作手记 / 23

第3章 设计阶段的钢结构造价管理 / 24
3.1 设计合同—工程设计的集成管理文件 / 24
3.1.1 建筑方案的确定与设计合同的签订 / 24
3.1.2 设计质量与设计深度 / 26
3.1.3 设计进度与工程项目的进度 / 28
3.1.4 设计优化措施及钢结构工程的设计优化 / 30
3.2 设计概算与预算 / 31
3.2.1 设计阶段的造价控制目标 / 31
3.2.2 设计概算报告的组成 / 32
3.2.3 工程预算 / 39
3.3 结构设计基本参数的复核与确定 / 39
3.4 钢结构材料的选择 / 41
3.4.1 钢材的性能指标 / 41
3.4.2 钢材的选用 / 44
3.5 钢结构的结构选型 / 47
3.5.1 何为超限结构 / 47
3.5.2 结构选型的原则和方法 / 50
3.5.3 各类钢结构体系的选择 / 52
3.6 钢结构的节点设计 / 56
本章工作手记 / 57

第4章　工程招标投标阶段的钢结构造价管理 / 59
4.1　工程招标投标概述 / 59
4.2　招标准备阶段的重点工作 / 62
4.2.1　钢结构招标策略与标段划分 / 62
4.2.2　招标合同规划及招标控制价 / 65
4.2.3　招标文件的内容 / 68
4.2.4　钢结构建筑市场调研 / 68
4.2.5　钢结构工程量清单的编制 / 71
4.3　招标投标实施阶段的重点工作 / 88
4.3.1　投标文件的编制 / 89
4.3.2　关于评标 / 91
4.4　评标后的合同签订 / 94
4.4.1　合同形式 / 95
4.4.2　合同文本 / 96
本章工作手记　/ 97

第5章　施工阶段钢结构工程造价管理 / 99
5.1　施工阶段造价管理概述 / 99
5.2　建立造价管理体系，明确造价管理程序 / 103
5.3　施工阶段的造价管理事项 / 105
5.3.1　项目资金使用计划的编制 / 105
5.3.2　预付款 / 106
5.3.3　设计交底与图纸会审 / 106
5.3.4　工程进度款 / 107
5.3.5　分包商与材料供应商的选择与确认 / 107

5.3.6 暂估价、暂估量与暂列金额 / 108
5.3.7 设计变更与工程洽商 / 108
5.3.8 工程索赔和反索赔 / 109
5.3.9 质量保证金与质量保函 / 112
5.4 工程造价的动态管理 / 113
5.4.1 业主角度的动态管理 / 113
5.4.2 施工承包商角度的动态管理 / 114
5.5 施工阶段的钢结构技术控制要点 / 115
5.5.1 施工组织设计 / 116
5.5.2 钢结构材料的采购、供应 / 118
5.5.3 钢结构的加工 / 121
5.5.4 钢结构的安装 / 127
本章工作手记 / 133

第6章 竣工阶段的钢结构造价管理 / 134
6.1 工程验收与竣工验收 / 134
6.1.1 竣工验收的条件和程序 / 135
6.1.2 竣工验收的工作明细 / 136
6.2 竣工结算与竣工决算 / 139
6.2.1 竣工结算的程序和依据 / 139
6.2.2 竣工结算报告与审查报告 / 140
6.2.3 竣工决算 / 143
6.3 钢结构工程的结算特点 / 146
6.3.1 钢结构工程的验收 / 146
6.3.2 钢结构工程结算的依据 / 147
6.3.3 钢结构工程的费用调整 / 147

6.4 竣工结算后续造价管理工作 / 148
6.4.1 工程质量保修书 / 149
6.4.2 工程质量保证金 / 150
本章工作手记 / 150

参考文献 / 152

第1章　钢结构工程的技术及管理特点

本章思维导读

本章将对钢结构工程的材料特点、构件形式、结构体系以及设计和施工过程中的管理特点进行总体概述，从而为下一步的钢结构工程造价分析奠定基础。

1.1　钢结构工程的材料特点

目前，钢结构在高层建筑、大跨度建筑、异型结构建筑、快速施工的建筑中得到了广泛应用，尤其是建筑师想利用钢结构来创造轻盈的建筑形式，钢结构更具有无比的优越性。

我国目前建筑钢结构采用的钢材以碳素结构钢和低合金高强度结构钢为主。碳素结构钢是最普遍的工程用钢，按其含碳量的多少，通常分为低碳钢（含碳量0.03%~0.25%）、中碳钢（含碳量0.26%~0.60%）及高碳钢（含碳量0.61%~2%）。含碳量越大，钢材的强度越高，但钢材的韧性和可焊性越差。建筑钢结构主要使用低碳钢。优质碳素结构钢是以满足不同的加工要求，而赋予相应性能的碳素钢，价格较高，但性能更优，一般不用于建筑钢结构，只在特殊情况下才会使用。低合金高强度结构钢是指在冶炼过程中添加一些合金元素，其总量不超过5%的钢材。加入合金元素后，钢材的强度、刚度、稳定性可得到明显提高。

碳素结构钢和低合金高强度结构钢的现行适用标准分别为《碳素结构钢》（GB/T 700—2006）和《低合金高强度结构钢》（GB/T 1591—2018）。碳素结构钢分为 5 个牌号，即 Q195、Q215、Q235、Q255 和 Q275。低合金高强度结构钢则分为 Q295、Q345、Q390、Q420 及 Q460 共 5 个牌号。

碳素结构钢和低合金高强度结构钢的牌号的表示方法相似，即：代表屈服强度的字母（Q）、屈服强度数值、质量等级符号、脱氧方法等四个部分顺序组成，如 Q235AF。

其中对于碳素结构钢：质量等级共分为 A、B、C、D 四级；脱氧方法则分为沸腾钢（F）、镇静钢（Z）及特殊镇静钢（TZ）共三类，其中 Z、TZ 可省略。

钢结构的优良表现皆源于钢材本身的优良特性，强度高、材料匀质性好，韧性强，具有非常优良的受力和变形性能。

下面来对比一下钢材和混凝土这两种常用材料的强度和物理力学性能指标。混凝土的强度和物理力学性能指标见表 1-1、表 1-2。

表 1-1　混凝土的强度标准值和弹性模量

强度等级	C15	C20	C25	C30	C35	C40	C45	C50	C55	C60	C65	C70	C75	C80
轴心抗压强度 $f_{ck}/(\mathrm{N/mm^2})$	10.0	13.5	16.5	20.0	23.5	27.0	29.5	32.5	35.5	38.5	41.5	44.5	47.5	50
轴心抗拉强度 $f_{tk}/(\mathrm{N/mm^2})$	1.25	1.55	1.88	2.00	2.20	2.40	2.50	2.65	2.75	2.85	2.95	3.00	3.05	3.10
弹性模量 $E_c/(10^4\mathrm{N/mm^2})$	2.20	2.55	2.80	3.00	3.15	3.25	3.35	3.45	3.55	3.60	3.65	3.70	3.75	3.80

表 1-2　混凝土的其他物理力学性能指标

指标		数值	备注
热工指标	线膨胀系数 a	1×10^{-5}/℃	混凝土在 0～100℃范围内的数值
	导热系数	10.6	
	导温系数	0.0045	
	比热	0.96	
混凝土剪切变形模量		按弹性模量的 0.40 倍采用	
混凝土泊松比		0.2	
混凝土的自重		24～25kN/m^3	
混凝土在高温下的强度变化		混凝土的强度在 600℃之前下降不多，在 600℃之后下降明显，但随着混凝土强度和截面的加大，下降幅度变缓	

钢材的性能指标见表 1-3、表 1-4。

表 1-3　钢材的设计强度指标　（单位：N/mm^2）

钢材牌号		钢材厚度或直径/mm	强度设计值			屈服强度 f_y	抗拉强度 f_u
			抗拉、抗压、抗弯 f	抗剪 f_v	断面承压（刨平顶紧）f_{ce}		
碳素结构钢	Q235	≤16	215	125	320	235	370
		>16，≤40	205	120		225	
		>40，≤100	200	115		215	
低合金高强度结构钢	Q345	≤16	305	175	400	345	470
		>16，≤40	295	170		335	
		>40，≤63	290	165		325	
		>63，≤80	280	160		315	
		>80，≤100	270	155		305	

（续）

钢材牌号		钢材厚度或直径/mm	强度设计值			屈服强度f_y	抗拉强度f_u
			抗拉、抗压、抗弯f	抗剪f_v	断面承压（刨平顶紧）f_{ce}		
低合金高强度结构钢	Q390	≤16	345	200	415	390	490
		>16，≤40	330	190		370	
		>40，≤63	310	180		350	
		>63，≤100	295	170		330	
	Q420	≤16	375	215	440	420	520
		>16，≤40	355	205		400	
		>40，≤63	320	185		380	
		>63，≤100	305	175		360	
	Q460	≤16	410	235	470	460	550
		>16，≤40	390	225		440	
		>40，≤63	355	205		420	
		>63，≤100	340	195		400	
建筑结构用钢板	Q345GJ	>16，≤50	325	190	415	345	490
		>50，≤100	300	175		335	

表 1-4　钢材的其他物理力学性能指标

指标	数值
弹性模量 E	206×10^3N/mm^2
剪变模量 G	79×10^3N/mm^2
线膨胀系数 a（以每℃计）	12×10^{-6}
质量密度	78. 5kN/m^3
熔点	1500℃左右
高温下的强度变化	当温度超过600℃时，强度急剧下降

对比钢材和混凝土的物理力学性能，可以看出，钢材的强度要

比混凝土高一个数量级，而且不管是抗拉、抗压，其强度不变。钢材的弹性模量也要比混凝土高一个数量级，且不随钢材牌号而改变。

混凝土的抗压强度高，但抗拉性能差，所以，混凝土须与钢筋形成组合结构，即混凝土抗压、钢筋抗拉来形成钢筋混凝土结构，从而满足建筑结构的受力性能需要。

所以通过上述的性能对比来看，钢材确是一种非常优异的结构材料，在高层建筑中发挥着越来越重要的作用。

但钢材也有两个缺点，一是易锈蚀，二是防火性能差。钢材在周围温度超过 600℃时，强度会急剧下降，很快失去承载能力。所以，钢结构构件必须进行防腐和防火涂装，以弥补其性能的不足。

1.2　钢结构构件形式及结构体系

简单说来，钢结构分为轻钢结构和重钢结构两种，轻钢结构主要包括以网架和网壳为代表的大跨度空间结构，广泛应用于体育场馆、会展中心、航站楼、候车大厅和工业厂房等，以及以门式刚架、轻钢框架、轻钢屋架为代表的各类轻钢结构，广泛应用于工业厂房、各种仓库、商业建筑、多层钢结构住宅等。重钢结构主要是指高层建筑钢结构，重钢结构一般具有钢材厚度大、钢材强度高、焊接工艺复杂及焊接工作量大等特点。

从建筑材料来分，高层建筑的结构体系主要分为三种：钢筋混凝土结构体系、钢与混凝土的组合结构体系、全钢结构体系。在 20 世纪 90 年代之前，我国的高层建筑较少，钢结构的高层建筑就更少，因为钢结构的用钢量大，造价较高，设计及施工技术比较复杂，配套材料不全等原因，那时期的高层建筑以钢筋混凝土结构体系为主。但进入 20 世纪 90 年代以后，我国钢材的产量和力学性能不断提高，施工技术不断成熟，钢结构工程的综合效益也得到了很大的提高，尤其是超高层的建筑，钢结构更具有钢筋混凝土结构无法比拟的优势，因而从 20 世纪末到现在，钢结构工程得到了飞速的发展。

目前由钢-混凝土形成的组合结构体系已成为高层建筑的主流。这是由于钢-混凝土组合结构，既具有全钢结构自重轻，施工速度快的特点，又在造价方面低于全钢结构，应该说组合结构兼有钢和混凝土结构的优点，是一种优化的结构类型。

钢-混凝土组合结构总的来说，可分为两种结构体系：

第一种是钢筋混凝土核心筒+外围钢框架体系，这也是目前一般高层建筑中使用较多的结构体系，如上海 21 世纪大厦，如图 1-1 所示。

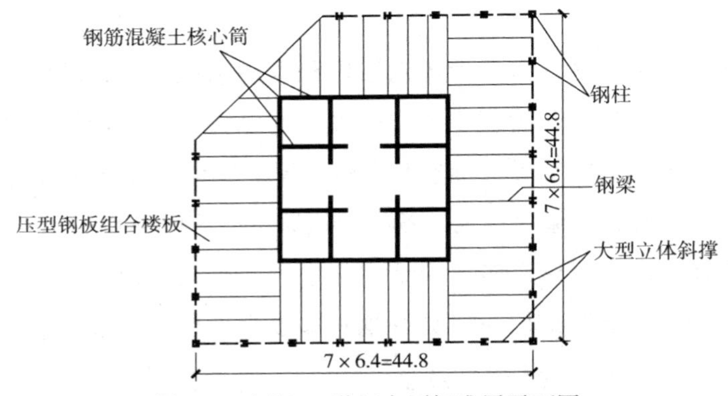

图 1-1 上海 21 世纪大厦标准层平面图

这类结构体系充分利用了钢筋混凝土核心筒侧向刚度大的优点来承担水平力，在楼层比较高的情况下，核心筒墙体内可设置一定量的型钢骨架。外围的钢框架则主要承担竖向荷载，有些工程根据结构内力分析和侧移计算结果，在结构顶层和每隔若干层的楼层内，设置若干道由心筒外伸的纵、横向刚臂（伸臂桁架）及与之配套的外圈带状桁架。

第二种体系，内筒为钢筋混凝土或型钢混凝土核心筒，外围结构为密柱钢框筒或巨型结构，如上海金茂大厦，如图 1-2 所示。

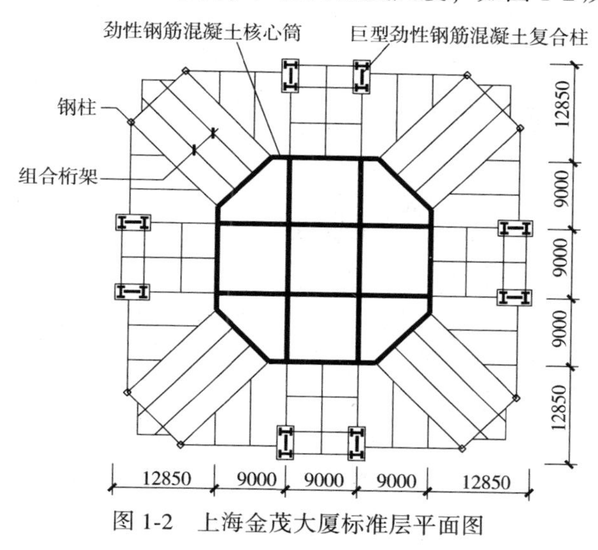

图 1-2　上海金茂大厦标准层平面图

这种体系适用于层数很多的超高层建筑，一般均需要在结构顶层和每隔若干层的楼层内，设置若干道由心筒外伸的纵、横向刚臂（伸臂桁架）及与之配套的外圈带状桁架。

在钢-混凝土组合结构体系中，还开始大量采用型钢混凝土（Steel Reinforced Concrete）构件，或称为劲性混凝土构件。这类构件是在钢筋混凝土构件内埋设钢结构构件而形成的一种复合构件，包括型钢混凝土柱、型钢混凝土梁，在某些高层建筑中，也在钢筋混凝土核心筒剪力墙内设置型钢骨架，形成型钢混凝土剪力墙等。目前在国内最为知名的超高层建筑中，如中央电视台新址工程、上海金茂大厦、上海环球金融中心、北京国贸三期工程等，均大量采用了型钢混凝土构件。图 1-3 所示为一些在实际工程中采用的型钢混凝土构件。

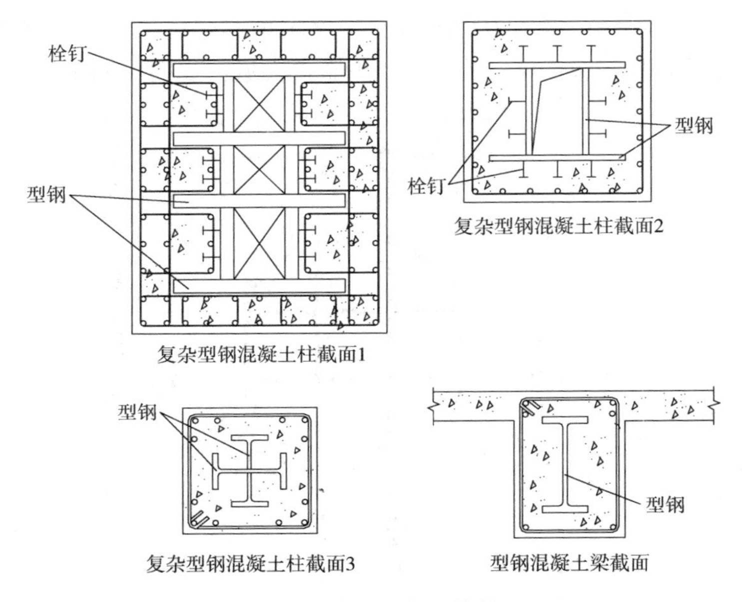

图 1-3 型钢混凝土构件

型钢混凝土构件相对于普通的钢筋混凝土构件而言，有诸多优点，一是可以有效地提高构件的承载力，减小截面面积；同时，型钢混凝土构件的延性比普通钢筋混凝土构件也有了较大的提高；另外，由于型钢混凝土构件有较厚的混凝土保护层，因而其耐火性能和防腐性能均高于钢结构；从施工的角度来看，型钢混凝土中的型钢，在混凝土未浇筑之前即已形成钢骨架，已具有相当大的承载力，可用作其上若干层楼板平行施工的模板支架和操作平台，因而施工速度仅稍慢于全钢结构。

在钢-混凝土组合结构中，另一种常用的组合构件是钢管混凝土柱。钢管混凝土由于能够同时提高钢材和混凝土的性能并方便施工而成为研究和应用的热点。按截面形式的不同，钢管混凝土可以分为圆钢管混凝土、方钢管混凝土和多边形钢管混凝土等，如图 1-4 所示。

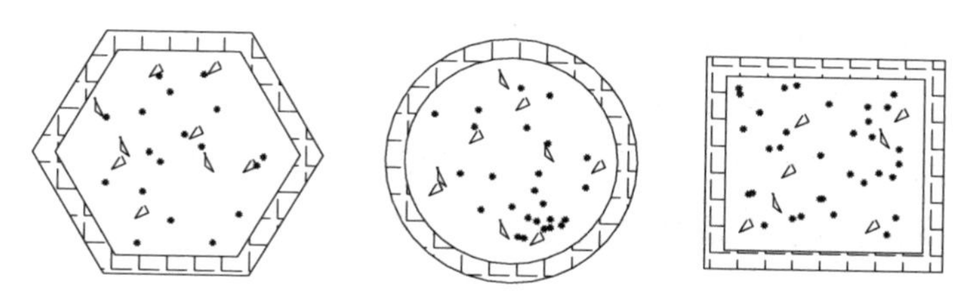

图 1-4　钢管混凝土截面形式

目前，我国高层建筑中圆钢管混凝土的应用实例较多，也有部分采用矩形截面的钢管混凝土。与圆钢管混凝土相比，方钢管混凝土在轴压作用下的约束效果降低，但比圆钢管混凝土的截面惯性矩更大，因此在弯压作用下具有更好的性能。同时，这种截面形式制作比较简单，尤其是节点处与梁的连接构造比较易于处理。对于六边形等多边形钢管混凝土，其工作状态介于二者之间。钢管混凝土与泵送混凝土、逆作法、顶管法施工技术相结合，在我国超高层建筑及桥梁建设中已取得了相当多的应用成果。

1.3　钢结构工程的造价管理特点

钢结构工程的造价管理主要划分为设计阶段、工程招标投标阶段、施工阶段和竣工阶段四个阶段。下面分别就各个阶段的造价管理特点进行说明。

1.3.1　设计阶段的造价管理特点

钢结构是否在工程项目中得到应用，要从建筑方案的确定开始。建筑师在提交建筑方案时，也通常会提出建筑结构的概念设计，尤其是建筑方案造型特殊，存在较大悬挑、倾斜、平面和竖向形状不规则的情况下，那么在确定建筑方案时，就要对方案的结构可行性、施工可建性、结构造价合理性进行充分论证，然后再确定是否采用该建筑方案。

建筑方案确定以后，结构方案要在初步设计阶段才会最终确定下来。确定的手段是结构选型，结构选型要综合考虑多种因素和作用：

（1）结构受力安全性的需要　结构要承受各种荷载的共同作用，要确保结构受力安全，并有足够的安全储备。

（2）建筑功能及美学的要求　建筑师要确保设计功能和美学理念得到实现，甚至赋予建筑以人文精神和内涵。

（3）结构施工可建性的要求　即一个工程结构应能以合理的代价和成熟的施工技术来实现。

（4）结构工程造价合理性的要求　应满足工程结构造价限额的要求。

综合上述因素，结构工程师需要做出多个结构选型的方案来进行比选，最终确定一个综合最优的方案。工程项目是否采用钢结构也是在这个阶段确定下来。

钢结构由于具有优良的受力特性，在高层建筑结构、异型建筑结构、大跨度建筑结构方面更具有较大的优势。同时，钢结构由于强度大，自重轻，相比于混凝土构件，可显著减少构件截面面积，从而增加建筑使用面积。同时，钢结构可以在加工厂批量加工，现场安装也方便快捷，可以显著加快施工速度，而且，对环境的污染较轻。目前，虽然钢结构的价格稍高一些，但考虑上述的综合效益，不仅高层建筑倾向于使用钢结构，低层及多层建筑也喜欢采用钢结构体系，使得钢结构的使用越来越广泛。

1.3.2　工程招标投标阶段的钢结构造价管理特点

钢结构工程设计施工图纸完成后，其设计深度应能满足编制工程量清单的需要。钢结构工程的工程发包内容通常包括钢结构深化设计、钢材采购及供应、钢构件加工、钢结构安装四个部分。

作为建筑结构工程的有机组成部分，钢结构工程应和其他结构工程，如基础工程、钢筋混凝土工程一起，整体发包给施工总承包单位，这样责任最清楚单一，协调起来也会比较顺畅。

在工程发标之前，项目管理者要编制工程量清单、投标限制价，对潜在的投标人进行考察，确保有实力、有信誉的承包商能够最终承担钢结构工程的实施，这对项目的成功至关重要。招标投标过程中的一些管理细节在后续章节会重点讨论。

1.3.3　施工阶段的钢结构造价管理特点

施工阶段是工程的实施阶段，除建设单位、设计单位之外，更多的项目参与者，包括工程监理、施工承包商、材料供应商、设备供应商等加入了进来。各方承担的工作内容不同，利益需求也不同，在工程实施的过程中，需要分工协作，共同完成项目的工程建设。

钢结构工程通常由施工总承包商来承担，并统一协调。钢结构深化设计、钢材采购和供应、钢构件加工及运输这三项工作内容，总承包商一般会分包给钢结构加工厂家来承担，而钢结构安装则通常分包给具有大型安装设备和经验的施工企业来承担，这是社会化分工与选择的自然结果。

施工过程中影响工程造价管理的因素错综复杂，关键是要抓住施工组织设计的编制与审核，以及重要技术方案的编制和实施这两项主要工作。对钢结构工程而言，钢构件加工方案和钢结构安装方案是两项重要的方案，尤其对高层建筑结构来说，是决定项目能否顺利进行的关键，难度高、危险性高的方案还需要举行专家论证。

有了技术和造价综合最优的方案作基础，钢结构工程的进度、质量和造价才能得到有效控制。

1.3.4 竣工阶段的造价管理特点

工程竣工阶段的主要工作有两项：一是工程的竣工验收，二是工程的竣工结算。

竣工验收要按照工程验收的程序，由建设单位、设计、监理和总承包商共同进行。竣工结算则是在工程竣工验收的基础上，根据总承包合同的有关条款，并汇总施工过程中发生的各种变更和索赔，以及其他对工程价款有影响的变更因素，对工程价款进行汇总、结算，在双方协商一致的基础上签署工程结算单并支付的过程。

第2章　钢结构工程造价管理的工作内容

本章思维导读

本章将对工程项目管理的知识体系、国内的造价管理程序进行简要的回顾和说明，在此基础上，列表说明钢结构工程在各个造价管理阶段的工作内容，作为后续章节讨论的纲要。

2.1　工程项目管理的知识体系

2.1.1　项目管理知识体系的9个元素

项目管理知识体系的构成见表2-1。

表2-1　项目管理知识体系的构成

序号	项目管理知识体系构成		概念	说明
	分类	名称		
1	核心元素：决定着项目的可交付目标	范围管理	确保项目成功完成所需的全部工作，但又只包括必须完成的工作的各个过程。它主要关心的是确定与控制哪些应该与哪些不应该包括在项目之内的过程，来满足出资者以及利益相关者的目标。项目范围管理包括授权、范围规划、范围定义、范围变更管理和范围核实组成	设计文件是范围管理的核心，项目管理的前期工作以获得设计文件为目的，后期以将设计文件付诸实施为目的

（续）

序号	项目管理知识体系构成		概念	说明
	分类	名称		
2	核心元素：决定着项目的可交付目标	进度管理	包括使项目按时完成必须实施的各项过程，由活动定义、活动排序、活动持续时间估算、制定日历、编制进度计划和时间控制组成	
3		造价管理	包括使项目在批准的预算内完成的各项过程，由资源计划、成本估算、成本预算、现金流和成本控制组成	
4		质量管理	包括保证项目满足原先规定的各项要求所需的实施组织的活动，由确定需要的条件、质量计划、质量保证和质量控制组成	
5	非核心元素：提供了达到可交付目标的方法	采购管理	包括从项目团队外部购买或获得为完成工作所需的产品、服务或成果的过程，由采购计划、申请计划、申请、资源选取、合同监控和合同收尾组成	
6		人力资源管理	包括项目团队组建和管理的各个过程，由组织计划、人员获取和团队建设组成	
7		信息管理	包括项目信息合理收集以及发放的各项过程，由沟通计划、信息发放、项目会议、进度报告和管理收尾组成	
8		风险管理	包括识别、分析和响应过程的项目风险的各项过程，由风险识别、风险定量分析、风险响应和风险控制组成	
9		集成管理	将主要的项目管理流程（计划、实施和控制）集成在一起	

2.1.2　造价与其他元素之间的关系

造价是项目管理的核心元素之一，它包括使项目在批准的预算内完成的各项过程，由资源计划、成本估算、成本预算、现金流和成本控制组成。

造价与其他元素密切相关。可以说，造价是其他一切元素实现的基础。每一个涉及范围、质量、进度、风险、信息、采购、人力资源管理的决定，最终都要落实到造价上来。

合同是工程项目管理过程中最重要的项目集成管理文件。尤其是设计合同和工程总承包合同，分别定义了设计阶段和施工阶段各种项目管理元素的具体工作内容和要求。在讨论钢结构工程造价管理时，也要对设计合同及工程承包合同中的有关内容进行讨论。

2.2　国内的工程造价管理体系

2.2.1　工程基本建设的总体流程

图 2-1 是工程建设总体流程图。

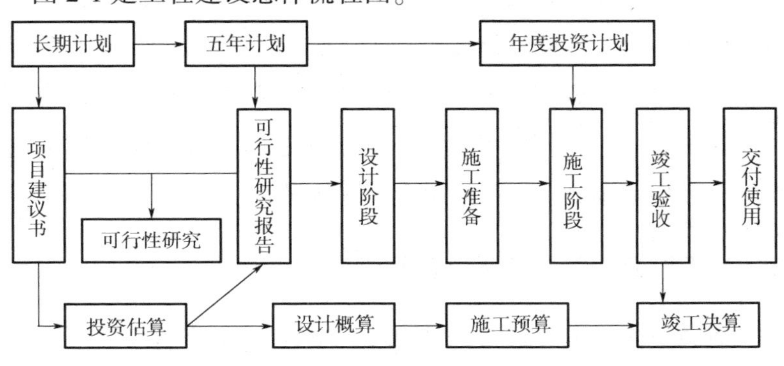

图 2-1　工程建设总体流程图

图 2-1 的流程图主要是针对国家投资的项目，对于私人或非政府机构投资的项目，对于投资总量的审批则不再是重点，资金是否到位是审查重点，同时也必须满足国家的发展规划、公共的安全和利益及有关政府部门的要求。

从图 2-1 还可以看到建设程序大致分为项目建议书、可行性研究报告、设计阶段、施工准备、施工阶段、竣工验收、交付使用几个步骤。施工准备实质上并不能作为一个独立的阶段，它是设计阶段和施工阶段之间的一个过渡，施工准备包含了许多重要的工作，如监理单位和施工承包商的招标、施工现场的三通一平、施工图文件的审批合格、相关政府部门的报批等，以取得施工许可证为标志。竣工验收实质上是施工阶段的收尾阶段，但从很多工程的经验来看，尤其是一些大型工程，竣工验收不仅工作量大，而且延续的时间较长，作为一项独立的步骤提出来也不为过。交付使用则只是表明了一种状态。

对于长期计划、五年计划、年度投资计划，主要是针对国家投资项目来说的，项目本身及其投资必须符合国家的发展规划和投资计划。

对于投资估算、设计概算、施工预算和竣工决算，则反映了在建设过程中，投资控制的阶段性目标，估算与项目建议书及可行性研究报告相对应，概算与初步设计相对应，预算与施工图设计相对应，决算则与竣工验收相对应，后者不能超越前者，即使超越也要控制在合理的范围之内，否则就必须重新报审。

2.2.2 工程造价管理的程序及方法

要有效地实施工程造价的管理，应在工程实施的不同阶段，抓住阶段性造价文件的编制、审核和优化这条主线，见表 2-2。

表 2-2　造价管理的阶段划分

序号	工程实施阶段	相应的造价文件
1	项目建议书和可行性研究阶段	投资估算
2	初步设计阶段	概算造价
3	技术设计阶段	修正概算造价
4	施工图设计阶段	预算造价
5	招标投标阶段	承包合同价
6	合同实施阶段	过程结算价
7	竣工验收阶段	竣工结算和决算价

工程造价的管理，就是在优化建设方案、设计方案的基础上，在建设程序的各个阶段，采用一定的方法和措施把工程造价的发生控制在合理的范围和核定的造价限额以内。具体来说，要用投资估算价控制设计方案的选择和初步设计概算造价；用概算造价控制技术设计和修正概算造价；用概算造价或修正概算造价控制施工图设计和预算造价，以求合理使用人力、物力和财力，取得较好的投资效益。

有效控制工程造价应体现以下三项原则：

1）以设计阶段为重点的建设全过程造价控制。

2）主动控制，以取得令人满意的结果。

3）技术与经济相结合是控制工程造价最有效的手段。

2.2.3　工程造价的计价依据

工程造价需要许多的计价依据，这些计价依据是否完备、标准、统一，并具有很好的时效性，是衡量造价管理水平的一个重要方面。这些计价依据非常复杂，种类繁多。主要可分为以下七类：

1）计算设备和工程量的依据，包括项目建议书、可行性研究报告、设计文件等。

2）计算人工、材料、机械等实物消耗量的依据，包括投资估算指标、概算定额、预算定额等。

3）计算工程单价的价格依据，包括人工单价、材料价格、材料运杂费、机械台班费等。

4）计算设备单价的依据，包括设备原价、设备运杂费、进口设备关税等。

5）计算其他直接费、现场经费、间接费和工程建设其他费用的依据，主要是相关的费用定额和指标。

6）政府规定的税、费。

7）物价指数和工程造价指数等。

上述的造价依据有些是国家有关的定额和收费标准，有些是行业指导性意见，更多的则是企业根据自身的工程实践和技术能力制定的企业定额。这些计价依据和造价信息的收集和制定，是一项长期的、艰巨的工作，是造价管理工作能否科学、准确、有效的重要基础性工作。这项工作需要企业和政府共同努力，付出长期的、持之以恒的工作来实现。

2.3 钢结构工程造价的构成

2.3.1 工程造价的总体构成

工程造价是指工程价格。从投资者—业主的角度来说，是建设项目固定资产投资；从市场经济的角度来说，是为建成一项工程，在土地市场、设备市场、技术劳务市场以及承包市场等交易活动中所形成的建筑安装工程的价格和建设工程总价格。

工程造价的构成见表 2-3。

表 2-3　工程造价的构成

序号	项目	说明
1	土地费用	包括土地购买费用、拆迁安置费用等
2	前期工程费用	主要包括设计费、水文地质勘察费、可行性研究费、三通一平费等
3	基础设施建设费	主要包括供电、给水排水、热力、燃气、电信等专业的室外工程和外部配套工程，须委托市政单位进行设计及施工
4	建筑安装工程费	包括基础工程、结构工程、室内外装修工程及机电设备安装工程
5	特殊工艺设备费	由于一个工程往往服务于特殊目的，如果是核电工程项目，那么此项就是核电工艺设备费；如果是电视台项目，那么此项就是电视工艺设备费
6	管理费	主要是指建设单位在完成工程项目建设过程中所发生的直接管理费用
7	开发期税费	主要包括土地使用费、供电贴费、绿化建设费等
8	预备费用	按总投资额的 5%～8%计取
9	其他费用	包括工程监理费、保险费、咨询费、顾问费等杂项费用

工程造价涉及的费用项目很多，每个项目的具体情况也千差万别，必须根据具体的项目情况来考虑。

2.3.2　建筑安装工程造价的费用构成

建筑安装工程造价是工程造价的主要组成部分，包括基础工程、结构工程、室内外装修工程及机电设备安装工程。钢结构又是建筑安装工程的组成部分。

建筑安装工程的费用要通过其数量和单价来确定。建筑安装工程的数量要按照通用的计算规则，通过对设计文件的计算来确定。

而价格则有两种确定方法：一是定额计价模式，二是工程量清单计价模式。

1. 定额计价模式

这种模式下工程造价编制程序的一般方法是：先计算工程量，然后套用定额算出基本的直接费用，再以费率的形式计算直接工程费、间接费用，加上按国家规定计取的利润和税金，汇总得出总造价。这种方法计算工程量的依据是图纸和定额，工程量的价格计算依据是定额及国家造价管理部门颁布的调价表或调价系数。因此，这是一种量价合一、工程造价静态管理的模式。

2. 工程量清单计价模式

工程量清单计价模式与传统的定额计价模式不同，主要采用综合单价计价。工程项目综合单价包括了工程直接费、间接费、利润和相应上缴的税金。改变了过去以“量”“价”“费”定额为主导的静态管理模式，使清单中的工程量不进入竞争，仅限于价格的竞争；有利于正确评价企业实力；可减少重复计算工程量的繁杂劳动；简化招标投标报价工作；减少工程结算中扯皮与纠纷；逐步与国际上“控制量、指导价、竞争费”的惯例接轨。工程量清单计价模式是我国目前主要推行的计价模式，本书后续章节将对工程量清单计价模式做重点说明。

2.4 钢结构造价管理的工作内容

本节将列表说明在工程项目管理的各个阶段，工程造价管理的通用工作内容，以及在该阶段钢结构工程造价管理的具体工作内容。

从工程造价管理的角度来看，工程项目整个过程通常分为决策阶段、设计阶段、工程招标投标阶段、施工阶段及竣工阶段五个阶段，见表 2-4。

表 2-4　造价管理工作内容

阶段	通用造价管理工作内容	钢结构工程具体工作内容
决策阶段	项目建议书及可行性研究报告是决策阶段的两个纲领性文件，就项目的选址、功能、规模、技术方案、资金来源、投资效益和社会效益，进行分步骤、逐渐深入的研究，为项目最终决策提供依据 就造价管理来说。其核心工作有两项，一是投资估算的编制与审核，二是建设项目的经济评价 通常项目建议书审批通过后，就视为项目已经立项，可以进行建筑方案招标，不同的建筑方案对项目的造价影响较大。可行性研究报告要将拟选定的建筑方案一并汇总并报批	不同的建筑方案对项目的造价影响较大，尤其是非常规的建筑方案，通常会带来工程技术上的难度。尤其是结构方案上的难度和额外要付出的工程费用 在这种情况下，要论证结构概念方案的合理性和可行性，以及钢结构在结构方案中的应用
设计阶段	设计阶段中，初步设计阶段是最关键的阶段，将确定各专业的主要技术方案及关键技术细节，设计概算也是在初步设计阶段编制完成并报审 施工图设计则主要是工程实施细节的设计，施工图设计完成后，要编制施工图预算。现在采用工程量清单招标的项目，往往不再编制施工图预算 设计阶段主要的造价文件有两项，一是设计概算，二是施工图预算。设计阶段是工程造价管理最重要的阶段。但其管理的重点并不在于设计概算和施工图预算的编制和审查，而是在工程各专业主要技术方案和关键技术细节的设计和优化的过程中。每一项技术决定也是造价的决定，寻找技术与造价综合最优的解决方案是工程设计的目标 要达到上述目标，必须要有相应的项目管理措施来促进设计方投入足够的人力、物力达到上述目标。这些管理措施要体现在设计合同中	钢结构体系的应用在初步设计阶段最终确定下来。钢结构工程的造价管理要从钢结构设计的以下几个方面入手： （1）认真复核、确定钢结构设计的基本设计参数 （2）钢结构材料的选择 （3）钢结构体系的结构选型 （4）钢结构的节点设计 要实现对上述钢结构技术环节的充分论证和优化，必须要在设计合同中对设计文件的质量、进度、造价等管理措施进行安排和要求

（续）

阶段	通用造价管理工作内容	钢结构工程具体工作内容
工程招标投标阶段	工程招标投标的目的是要用合理的价格找到合适的承包商来承担施工管理任务，这对于项目的成功至关重要 招标投标阶段也是造价管理工作最为集中的一个阶段，具体包括招标准备工作、潜在超标人的考察、招标策划、招标文件的编制与审核、踏勘答疑、工程量清单的编制与审核、招标限价的编制与审核、投标报价的编制与审核、清标与评标、签订工程总承包合同等 工程总承包合同明确了承包商的责任、权利和义务，也明确了项目管理各元素，包括质量、进度、造价等的项目管理工作内容和要求，是施工阶段的项目管理集成文件	钢结构工程通常包括深化设计、钢材采购和供应、钢构件加工和运输、钢构件现场安装四项工作。钢结构工程作为结构分部工程下的子分部工程，通常和其他结构工程一起委托给工程总承包商统一协调和管理 招标前有必要对潜在的钢结构加工和安装承包商进行考察，确保其加工和安装能力要满足项目需求 工程量清单要依据钢结构工程的特点进行编制，后面章节将重点说明
施工阶段	施工阶段工程的参与各方较多，包括业主、设计、监理、承包商共同承担造价管理工作，贯穿于施工的整个过程，并与工程的质量、进度管理密切相关 施工组织设计和重要施工方案对工程造价有较大影响。施工阶段的造价管理工作总体包括： （1）编制资金使用计划并筹措资金 （2）进行工程进度计量和进度款支付 （3）施工分包商、材料设备供应商的询价与核价 （4）工程变更、工程索赔、工程签证的造价审核 （5）工程结算的编制与审核 （6）工程造价的动态管理等	钢结构工程在施工阶段的造价管理要抓住以下几个重要环节： （1）钢结构深化设计要充分考虑钢材下料、构件加工、运输和安装过程中的各种因素 （2）钢材的订货条件和入场检验 （3）钢构件的加工方案 （4）钢结构的安装方案

（续）

阶段	通用造价管理工作内容	钢结构工程具体工作内容
竣工阶段	竣工阶段的主要工作是工程的竣工验收，在竣工验收的基础上进行竣工结算 竣工结算要依据施工总承包合同的约定及有关法律法规，对施工期间的各项支出进行确认、核对、整理、汇总，形成最终的竣工结算账目，双方签字认可并进行结算支付 竣工决算是在竣工结算后，对工程项目从筹建开始到工程竣工交付使用为止的全部建设费用、投资效果及新增资产价值的计算 在竣工决算后，当项目运行一段时间后，可以进行项目的后评价。评价内容包括立项决策、设计施工、竣工投产、生产经营、建设效益。通过评价与项目当初的目标进行对比，找出偏差和变化，分析原因，得出结论和经验教训	钢结构是结构分部工程下的子分部工程，要按照工程验收程序，逐级进行检验批、分项工程及分部工程的验收。在竣工阶段，钢结构工程主要进行过程验收资料的验收。验收的要求是资料的完整性和正确性

本章工作手记

本章是对工程造价管理理论的简要回顾，并简要说明了钢结构工程在各个造价管理阶段的工作内容，具体如下。

序号	项目	内容
1	工程项目管理的知识体系	项目管理的 9 个元素，造价是核心元素之一
2	国内的工程造价管理体系	工程基本建设的总体流程；工程造价管理的程序和方法；工程造价的计价依据
3	钢结构工程造价的构成	工程造价的总体构成；建筑安装工程费用的构成；定额计价与工程量清单计价
4	钢结构造价管理的工作内容	通用工作内容及钢结构工程的具体工作内容

第3章　设计阶段的钢结构造价管理

本章思维导读

设计阶段是造价管理最为重要的阶段，也是实现工程造价主动控制最关键的阶段。实现的方法是技术与经济相结合，即对设计过程中各专业的技术方案进行深入讨论研究，做到技术与造价的综合最优。同时抓住设计概算的编制与审核这条主线。

3.1　设计合同—工程设计的集成管理文件

3.1.1　建筑方案的确定与设计合同的签订

不管采取方案竞赛还是邀请设计的方式，建筑方案的确定都是一个重大的决定，不仅对工程项目自身有影响，而且对其所在城市的文化和历史都有或大或小的影响。

建筑方案对工程造价的影响也很显著。建筑体型倾斜、悬挑、平面突变、无柱大空间都会增加结构处理难度和结构造价，复杂的建筑立面则会增加幕墙的造价，以及日常维护的成本，超大空间则会显著增加空调系统的造价和运营成本。

在确定建筑方案之前，要识别这些技术难点，对其导致的造价增加，以及施工可建性问题，进行充分的研究和判断。在此基础上，建筑方案的造价才能得到有效控制。

确定建筑方案则确定了建筑师，随即可以与建筑师所属的设计事务所或设计公司签订设计合同。建筑师不仅是建筑方案的设计者，同时也是整个项目设计的主导者和协调者。

设计合同一般包括以下几项内容。

1）项目的概况。

2）设计方的组织及人员构成：主要专业设计负责人员应固定，未经允许不能更换。

3）设计方的工作内容：不仅仅是建筑、结构、机电各专业的技术设计本身，同时要包括设计协调管理，以及配合政府审批。工作内容也不仅仅限于设计阶段，而是要包括设计、施工、竣工的全过程。

4）设计工作的质量要求：主要是对于设计深度、设计文件的完整性和正确性的要求，以及对于设计造价的控制，对于设计文件的优化等。

5）设计进度和设计文件的提交：设计进度要与总体的工程进度相匹配，并按照工程进度的要求提交相应的设计文件。

6）设计费的约定及支付节点。

7）关于工作方式及设计过程中信息交流、协调等工作的约定。

8）其他法律条款，如双方的责任、权利和义务，风险及违约责任，版权及开发等。

本书主要对涉及工程造价控制的主要内容，如设计质量与设计深度、设计进度及设计优化等内容进行讨论。

3.1.2 设计质量与设计深度

在设计过程中，会有相应的设计管理制度和程序来保证设计文件的质量，如三校两审制度、设计提资及会审制度、图纸会签制度等，但设计对工程造价的影响并没有相应的制度和规范来控制，这也是项目管理者需要重点关注的内容。

对于设计内容与工程造价的关系，后续章节会加以讨论，本节内容主要讨论设计深度与工程招标投标的关系，尤其是钢结构的设计深度。

1. 设计深度与工程招标投标

我国实施的是在施工图设计的基础上进行施工招标的体系。住建部颁布的《建筑工程设计文件编制深度规定》也是从这个角度规定了建筑、结构、机电各专业在每个设计阶段的设计深度。

目前某些专业工程，如钢结构工程、幕墙工程、弱电工程、精装修工程，在施工承包商招标完成后，还需要进行二次施工图设计或者称为深化图设计。这样来看，施工图设计分成了两个阶段，第一阶段的施工图设计由设计方来进行，要满足编制工程量清单进行招标的要求，同时要满足编制深化设计图纸的要求；第二阶段也称为深化设计阶段，由施工承包商来编制，满足现场施工操作的要求。

为适应上述专业工程的两个阶段设计要求，《建筑工程设计文件编制深度规定》将上述工程的施工图设计划分为两个阶段，并具体规定了第一阶段的设计深度。

2. 钢结构工程第一阶段施工图设计深度要求

钢结构工程第一阶段施工图设计由结构工程设计方来编制，这种深度要求对编制钢结构工程工程量清单、控制工程造价、顺利招标非常重要，同时要满足下一阶段编制钢结构深化设计图的要求。

根据《建筑工程设计文件编制深度规定》，钢结构设计施工图应包括以下内容：

（1）钢结构设计总说明　以钢结构为主或钢结构（包括钢骨结构）较多的工程，应单独编制钢结构（包括钢骨结构）设计总说明。

1）概述采用钢结构的部位及结构形式，主要跨度等。

2）钢结构材料：钢材牌号和质量等级，以及所对应的产品标准；必要时提出物理力学性能和化学成分要求及其他要求，如 Z 向性能、碳当量、耐候性能、交货状态等。

3）焊接方法及材料：各种钢材的焊接方法及对所采用焊材的要求。

4）螺栓材料：注明螺栓种类、性能等级，高强螺栓的接触面处理方法、摩擦面抗滑移系数，以及各类螺栓所对应的产品标准。

5）焊钉种类及对应的产品标准。

6）应注明钢构件的成型方式（热轧、焊接、冷弯、冷压、热弯、铸造等）、圆钢管种类（无缝管、直缝焊管等）。

7）压型钢板的截面形式及产品标准。

8）焊缝质量等级及焊缝质量检查要求。

9）钢构件制作要求。

10）钢结构安装要求，对跨度较大的钢构件，必要时提出起拱要求。

11）涂装要求：注明除锈方法与除锈等级以及对应的标准；注明防腐底漆的种类、干漆膜最小厚度和产品要求；当存在中间漆和面漆时，也应分别注明其种类、干漆膜最小厚度和要求；注明各类钢构件所要求的耐火极限、防火涂料类型及产品要求；注明防腐年限及定期维护要求。

12）钢结构主体与维护结构的连接要求。

13）必要时应提出结构检测要求和特殊节点的试验要求。

（2）基础平面图及详图　应表达钢柱的平面位置及其与下部混凝土构件的连接构造详图。

（3）结构平面（包括各层楼面、屋面）布置图　应注明定位关系、标高、构件（可用粗单线绘制）的位置、构件编号及截面形式和尺寸、节点详图索引号等；必要时应绘制檩条、墙梁布置图和关键剖面图；空间网架应绘制上、下弦杆及腹杆平面图和关键剖面图，平面图中应有杆件编号及截面形式和尺寸，节点编号及形式和尺寸。

（4）构件与节点详图

1）简单的钢梁、柱可用统一详图和列表法表示，注明构件钢材牌号、必要的尺寸、规格，绘制各种类型连接节点详图（可引用标准图）。

2）格构式构件应绘出平面图、剖面图、立面图或立面展开图（对弧形构件），注明定位尺寸、总尺寸、分尺寸，注明单构件型号、规格，绘制节点详图和与其他构件的连接详图。

3）节点详图应包括连接板厚度及必要的尺寸、焊缝要求，螺栓的型号及其布置，焊钉布置等。

对于第二阶段的钢结构施工图设计，即钢结构深化设计，或称为钢结构制作详图，一般应由具有钢结构专项设计资质的加工制作单位完成，也可由具有该项资质的其他单位完成，其设计深度由制作单位确定。

3.1.3　设计进度与工程项目的进度

进度是项目管理的三大要素之一，快速有效地完成项目并投入运营，无疑是节省工程造价最有效的手段之一。设计进度与工程项目的整体进度密切相关，那种设计工作全部完成后再进行招标并施工的项目很少，多数项目是设计、招标、施工搭接在一起，按照工程实际进展的先后次序，形成流水节拍，对于节省工期与造价非常有效。

设计进度及设计文件的提交必须满足工程招标的要求及现场施工进度的要求。下面列出一个简单的表格来说明工程招标的合同规划与设计文件之间的关系，见表3-1。

表3-1 招标合同规划与设计文件对应表

合同项目	合同包含工作内容	招标要求的设计文件
总承包合同	基础工程、钢筋混凝土工程、钢结构工程、机电安装工程、机电设备采购，工程项目总体协调组织管理	建筑施工图、结构施工图、机电施工图、设备招标技术规格书
幕墙工程	幕墙深化设计、采购、加工及安装	幕墙施工图、幕墙技术规格书
消防工程	火灾报警系统及消防控制系统的深化设计、材料和设备采购、供应及安装	火灾报警系统及消防控制系统的施工图及设备技术规格书
电梯工程	电梯的深化设计、采购、供应及安装	电梯施工图及技术规格书
弱电工程	弱电工程各系统的深化设计、采购、供应及安装	弱电设计施工图，设备招标技术规格书
室内精装修工程	精装修的深化设计、采购、供应及安装	精装修设计施工图
园林及道路工程	园林及道路的深化设计、采购、供应及安装	园林及道路施工图

上述设计文件的设计深度要满足《建筑工程设计文件编制深度规定》的要求。

总承包商是招标的关键。总承包商的进场标志着工程施工正式开始。主体结构出地面后，结构上要进行幕墙预埋件的预埋。结构进展到一定层数并做好安全防护后，可以插入幕墙工程的施工。幕墙完成封闭后，可以进行室内精装修及弱电工程的施工。在施工后期，才会进行园林及道路工程的施工。这是现场施工的总体顺序，招标计划的安排，以及设计文件的提交也可以按照这样的次序来进行。

但必须强调的一点是：总承包招标进场后，后续的专业工程的设计文件提交及招标也必须按照现场工程进度的要求及时进行，这是因为存在现场预留、预埋及专业工程之间的配合，如果专业工程不能及时跟进，必然会造成后期大量的设计变更，并增加工程造价。

钢结构工程作为结构工程的一部分，其设计文件的提交要满足总承包商招标的进度要求。

3.1.4 设计优化措施及钢结构工程的设计优化

1. 设计优化措施

设计优化是一个比较复杂的问题，但这项工作也是业主在初步设计阶段需要花大力气进行的工作，如果优化效果比较好的话，对节省设计造价非常有效。设计优化的措施大致可分为三个方面：

一是确定设计优化的造价控制目标，虽然满足功能需求、受力合理是目标之一，造价控制往往是设计优化的主要目的。要将概算造价分解到各个专业上去，让每个专业工程师知道自己设计的造价控制目标，因而，自觉地在技术选择时考虑造价因素，必要时，在设计合同中，采用限额设计的措施，来控制设计造价。

二是如何寻找优化的方向和切入点，一个比较好的选择是：业主在整个设计过程中，应聘请一些设计经验和施工经验都比较丰富的专家或咨询公司作为工程的顾问，对设计方每一阶段的设计文件进行审核，看看是否存在进一步优化的空间。关键是要请专家提出优化的方向和切入点，这些切入点往往涉及新的专利技术的引入、新的设计思路的开拓，有时甚至需要做一些试验来提供依据。工程顾问最好从设计的开始就介入工程的设计审核工作，避免造成大的设计调改。

三是在设计合同中，要有相应的条款要求设计方主动进行设计优化的工作，同时要给予设计方相应的时间和报酬。设计优化往往依赖于设计方的设计水平和责任心，以及设计方在设计优化过程中投入的时间和力量，要知道进行任何一项优化工作都并不容易，需要大量的分析、论证和计算工作，业主方需要给设计方足够的时间和费用才可以顺利实现。

2. 钢结构工程的设计优化

结构设计优化的工作贯穿整个初步设计的过程，从基础设计参数的确定，到结构材料的选择，结构选型的深入研究，以及结构节点的设计，都要进行充分的论证、研究，才能做到技术和造价的综合最优。本章后面将对钢结构设计优化过程中涉及的问题进行深入讨论。

3.2　设计概算与预算

3.2.1　设计阶段的造价控制目标

设计概算是工程项目造价控制的重要节点，也是设计阶段唯一纳入建设程序审批事项的造价文件。设计概算在初步设计完成后就可以编制。设计概算须委托具有造价咨询资质的造价咨询公司来编制。设计概算要报上级主管部门审批通过。设计概算不应超越项目可行性研究报告审定的造价限额。

设计概算批准后，才可以进行下一步的工程招标工作，并申报资金计划。

3.2.2 设计概算报告的组成

设计概算报告是初步设计阶段设计文件的重要组成部分，必须完整地反映工程项目初步设计的内容，实事求是地根据工程所在地的建设条件，按有关的依据及资料进行编制。

工程项目总概算是某一建设项目从筹建开始到建成所预计花费的全部建设费用的总文件。

下面分项来说明工程项目总概算书的内容构成：

(1) 封面、签署页及目录　包括工程地址、建设单位、编制单位和编制时间等。签署页应设立造价工程师资格证书栏目，填写编、校、审人员的姓名和证书编号。

(2) 编制说明　简要说明概算书编制过程中需要说明的主要事项，包括：

1) 工程概况：简述项目的特点、功能、规模、建设周期、地点、具体建筑、结构和机电设备系统的综合情况。

2) 编制依据：

①国家发布的有关法律、法规、规章、规程等。

②批准的可行性研究报告及投资估算、设计图样及有关资料。

③有关部门颁布的现行概算定额、概算指标、费用定额以及建设项目设计概算编制办法等。

④有关部门发布的人工、材料、设备价格、造价指数等。

⑤有关合同、协议等。

⑥其他有关资料。

3) 总概算书包括的费用及其说明。

4）主要技术经济指标及工程造价分析等。

（3）关于用料标准和设备清单

1）建筑工程室内装修用料标准。

2）机电设备安装工程用料标准。

3）大型机电设备概算暂定品牌清单等。

（4）工艺设备和材料汇总表　如为剧场项目，则为剧场设备和材料汇总表；如为电视台项目，则为电视工艺设备及材料汇总表。

（5）建筑安装工程各分部分项及各单位工程概算书　这部分内容是设计概算书的主体内容，要依据工程初步设计图样进行分析计算，工作量也比较大。但由于在初步设计阶段，设计深度不足，通常采用概算定额法或概算指标法来进行计算。如果某些分项工程的初步设计深度足够，也可以借用预算定额来编制概算定额，这样编制出来的设计概算会更准确。

设计概算的编制对概算编制人员的素质和资历要求较高，需要概算人员有丰富的实践经验，熟练地掌握概算定额和概算指标。在设计深度不足的情况下，概算的工程量需要合理推定，同时分部工程的价格以及构成价格三要素的人工、材料、机械台班，都在不断变化更新中，因此概算人员要了解市场、熟悉市场，并根据当地当期的生产要素指导价格合理确定。

下面对编制设计概算的两种方法进行简单介绍：

1）概算定额法。概算定额法是编制设计概算的主要方法。类似于用预算定额编制建筑工程预算，它是根据初步设计（或扩大初步设计）图样资料和概算定额的项目划分计算出工程量，然后套用概算定额单价（基价）计算汇总后，再计取有关费用，便可得出单位工程概算造价。

概算定额法适用于工程项目的初步设计文件具有一定深度，能够根据初步设计的图样，算出分部分项工程工程量的情况。这种方法编制精度高，是编制设计概算的常用方法。

利用概算定额法编制概算的具体步骤如下：

①熟悉图样，了解设计意图、施工条件和施工方法。

②列出分部分项工程项目和单价措施项目，并计算分部分项工程量和单价措施项目工程量。

③根据工程量和概算定额基价，计算分部分项工程费和单价措施项目费。

④按计价程序计取其他费用并汇总，根据有关取费标准规定的费率、税率和相应的计费基数，分别计算总价措施项目费、企业管理费、利润、规费和税金。

⑤将分部分项工程费、单价措施项目费、总价措施项目费、企业管理费、利润、规费及税金相加汇总得到单位工程概算造价，并计算单位工程概算造价指标（如每平方米建筑面积造价：元/m^2）。

2）概算指标法。建筑工程概算指标通常是以某个建筑物和构筑物为对象，以建筑面积或体积为计量单位而规定的人工、材料和机械台班的消耗量标准和造价指标。建筑工程概算指标比概算定额具有更加综合与扩大的特点，所以利用概算指标编制的设计概算比按照概算定额编制的设计概算更加简化，精确度也比按概算定额编制的设计概算低。

概算指标法适用于初步设计深度较浅，不能准确计算出工程量，但工程设计是采用技术比较成熟而又有类似工程概算指标可以利用时的情况。

（6）总概算汇总表　汇总所有的建筑安装工程费用，以及各项建筑工程费用，汇总为总概算汇总表，见表3-2（仅列出项目）。

表 3-2　总概算汇总表

序号	工程和费用名称	建筑工程费用	设备购置费	设备安装费	总价	技术经济指标			占工程总价（%）
						单位	数量	单位价值	
一	建筑安装工程								
1	建筑工程								
1. 1	地下降水								
1. 2	护坡桩								
1. 3	桩基工程								
1. 4	建筑装饰工程								
1. 5	地下结构工程								
1. 6	地上结构工程								
1. 7	幕墙工程								
1. 8	钢结构工程								
1. 9	技术措施费								
2	机电工程								
2. 1	给水排水工程								
2. 1. 1	给水排水系统								
2. 1. 2	中水系统								
2. 2	消防工程								
2. 2. 1	消防喷淋系统								
2. 2. 2	气体灭火系统								
2. 3	电气工程								
2. 3. 1	强电工程								
2. 3. 1. 1	变配电系统								

（续）

序号	工程和费用名称	建筑工程费用	设备购置费	设备安装费	总价	技术经济指标			占工程总价（%）
						单位	数量	单位价值	
2.3.1.2	照明系统								
2.3.1.3	防雷接地								
2.3.1.4	应急照明装置								
2.3.1.5	建筑立面照明								
2.3.2	弱电工程								
2.3.2.1	消防报警								
2.3.2.2	结构化综合布线								
2.3.2.3	通信网络								
2.3.2.4	计算机网络								
2.3.2.5	有线电视								
2.3.2.6	防盗报警系统								
2.3.2.7	公共业务显示系统								
2.3.2.8	建筑设备监控系统								
2.3.2.9	车库管理系统								
2.3.2.10	弱电桥架								
2.4	电梯								
2.5	通风空调工程								
2.6	擦窗机设备								
2.7	人防工程								

（续）

序号	工程和费用名称	建筑工程费用	设备购置费	设备安装费	总价	技术经济指标			占工程总价（%）
						单位	数量	单位价值	
2.8	室外工程								
2.8.1	道路及围墙								
2.8.2	绿化								
2.8.3	天然气管道工程								
2.8.4	热水及蒸汽管道								
2.8.5	路灯及电缆								
2.8.6	周界报警系统								
2.8.7	电线及弱电管线安装								
2.9	辅助用房								
2.9.1	制冷站								
2.9.2	变电站								
2.9.3	热交换站								
2.9.4	调压站								
2.9.5	垃圾站								
二	建设工程费用								
1	土地及拆迁费用								
2	前期工程费用								
2.1	规划、勘察设计费								

（续）

序号	工程和费用名称	建筑工程费用	设备购置费	设备安装费	总价	技术经济指标			占工程总价（%）
						单位	数量	单位价值	
2.2	项目建议书及可研报告编制费								
2.3	场地平整及道路								
3	工艺设备费								
4	其他费用								
4.1	标底编制费								
4.2	审计费								
4.3	招标管理费								
4.4	施工执照费								
4.5	工程质量监督费								
4.6	工程监理费								
4.7	竣工图编制费								
4.8	审图费								
4.9	工程保险费								
4.10	生产及经营人员培训费								
5	建设单位管理费								
三	建设期贷款利息								
四	预备费								
工程总价									

上述总概算书列出了工程建设过程中的各项费用，以期让读者对工程的造价构成有总体的概念。当然，每项工程有各自的特点，其费用项目也有所不同。

3.2.3　工程预算

工程预算是依据审查和批准过的施工图，按照相应施工要求，并根据预算定额规定的工程量计算规则、行业标准，来编制的工程造价文件。施工图预算受概算的控制，便于业主了解施工图对应的费用。

在采用工程量清单招标之前，工程预算在造价管理过程中具有非常重要的作用。编制工程预算的基础是预算定额，预算定额远比概算定额要详细和完备。预算定额是建设单位编制招标标底、申请贷款和上级主管部门拨款的依据，是承包单位投标报价的基础资料。预算定额还是建筑企业进行经济核算、经济活动分析和考核工程成本的依据。同时，预算定额是编制地区单位估价表和概算定额的基础，预算定额也是工程结算的依据。

但随着工程量清单计价规范的实施，工程量计算规则和价格确定方式都发生了较大的变化，许多采用工程量清单招标的项目，已不再编制施工图预算。

3.3　结构设计基本参数的复核与确定

钢结构工程作为结构工程设计的一部分，其设计的合理性必须基于结构基础设计参数的合理选择上。在初步设计的开始阶段，必须对结构设计的基本设计参数进行复核、确定，在结构安全和结构造价之间，做到合理的平衡。

结构的基础设计参数见表 3-3。

表 3-3 结构的基础设计参数

序号	参数名称		参数选择注意事项	说明
1	岩土工程地质参数		委托权威的岩土工程勘察单位来进行岩土工程勘察，并出具岩土工程勘察报告	勘察报告同时要对基础形式、地基处理、基坑支护、降水和不良地质作用防治提出建议
2	荷载	恒载	结构自重，计算确定	
		活荷载	根据功能依据规范来取用	对于规范未明确的功能用房活荷载要认真研究确定
3	风荷载		规则建筑多采用荷载规范值	体型复杂建筑要通过风洞试验来确定
4	地震荷载	建筑抗震设防分类和设防标准	甲、乙、丙、丁四类	依据建筑抗震设计规范和批准的场地地震安全报告综合确定
		抗震设防烈度	6、7、8、9 度共四个等级	
		设计地震动参数	抗震设计用的地震加速度、速度、位移时程曲线、加速度反应谱和峰值加速度	
		建筑的场地类别	Ⅰ、Ⅱ、Ⅲ、Ⅳ共四类	依据抗震规范和勘查报告来综合确定
5	设计使用年限	5 年、25 年、50 年、100 年共四个等级		依据建筑结构可靠度设计统一标准来确定

（续）

序号	参数名称		参数选择注意事项	说明
6	建筑结构安全等级	一、二、三级		依据建筑结构可靠度设计统一标准来确定
7	地基基础设计等级	甲、乙、丙三个等级		依据建筑地基基础设计规范确定

只有基础设计参数得到充分的论证，后续的结构设计才能在一个稳固的基础上进行，结构造价才能得到有效控制。

3.4　钢结构材料的选择

钢材是钢结构工程的主材，同时还有各种各样的辅材，主要有对应于螺栓连接的普通螺栓、高强度螺栓，对应于不同焊接方式的焊材，钢结构的各种防腐材料、防火涂料等。本节主要讨论钢材的选用。

3.4.1　钢材的性能指标

钢材的性能见表 3-4。

表 3-4　钢材的性能指标

序号	技术指标	说明
1	屈服点	根据钢材的应力—应变关系曲线，钢材在弹性极限后进入屈服阶段，并显示明显的屈服台阶，此时对应的强度称为屈服点。屈服点是钢材最重要的一个力学指标，钢材的设计强度和钢材的强度等级都是根据屈服点来确定的

（续）

序号	技术指标	说明
2	抗拉强度	钢材在跨过屈服阶段后，强度会进一步地非线性增长，达到最高点，即抗拉强度后下降。钢结构设计的准则是以构件的最大应力达到钢材的屈服点作为极限状态，而把钢材的抗拉强度作为局部应力高峰的安全储备，这样能同时满足构件的强度和刚度要求，因而对承重结构的选材，要求同时保证抗拉强度和屈服点的强度指标
3	伸长率	伸长率是表示钢材塑性变形能力的力学性能指标，对于低碳钢和低合金高强度结构钢，均有明显的屈服台阶，塑性变形能力良好。采用拉伸试验试件的伸长率 δ_5（%）来度量钢材的塑性变形能力 $\delta_5=(l-l_0)/l_0\times100\%$，其中，$l_0$ 为试件标距长度，统一取 5 倍的试件直径；l 为试件拉断后的标距长度
4	Z 向性能	对于建筑用钢板，厚度达到 15~150mm，会要求钢板的 Z 向性能，即是指钢板沿厚度方向的抗层状撕裂性能。这是由于厚钢板轧制过程中，会导致厚钢板在长度、宽度和厚度三个方向上产生各向异性，尤其以厚度方向（Z 向）为最差。这样当钢板在受到沿板厚方向的局部拉力时（主要是焊接应力），很容易产生平行于钢板表面的层间撕裂。Z 向性能采用厚度方向拉力试验时的断面收缩率来评定。并以此分为 Z15、Z25 和 Z35 共三个级别。Z35 的断面收缩率不小于 35%，性能最优
5	冲击韧性	钢材的冲击韧性是指在荷载作用下钢材吸收机械能和抵抗断裂的能力，反映钢材在动力荷载下的性能。国内外通用以 V 型缺口的夏比试件在冲击试验中所耗的冲击功数值来衡量材料的韧性。冲击功以焦耳为单位，应不低于 27J。钢材的冲击韧性值受温度影响很大，对某种钢材，存在一个转变温度，在转变温度之下，钢材即使有很小的塑性变形，也会产生脆性裂纹，脆性裂纹一旦产生，在很小的外力作用下，就会导致钢材产生脆性断裂。为了避免钢材的低温脆断，必须保证钢结构的使用温度高于钢材的转变温度。不同钢材的转变温度不同，应由试验来确定。在提供有不同负温下的冲击韧性时，通过选材已避免了脆断的风险。钢材的冲击韧性也是评定钢材质量等级的主要依据之一

（续）

序号	技术指标	说明
6	质量等级	普通碳素结构钢的质量等级总体可分为 A、B、C、D 四级。对于低合金高强度结构钢，则总体上分为 B、C、D、E、F 五级。不同质量等级钢材的力学性能和化学成分有所不同。力学性能主要包括冲击韧性、伸长率等
7	可焊性	可焊性是指钢材对焊接工艺的适应能力，包括有两方面的要求：一是通过一定的焊接工艺能保证焊接接头具有良好的力学性能；二是施工过程中，选择适宜的焊接材料和焊接参数后，有可能避免焊缝金属和钢材热影响区产生热（冷）裂纹的敏感性。碳元素是影响可焊性的首要元素。含碳量超过某一含量的钢材甚至是不可能施焊的。用碳当量来衡量钢材的可焊性。所谓碳当量是把钢材的化学成分中对焊接有显著影响的各种元素，全部折算成碳的含量，引入碳当量的概念来衡量钢材中各种元素对焊后钢材硬化效应的综合效果，碳当量越高，可焊性越差。国际上比较一致的看法是，碳当量小于 0.45%，在现代焊接工艺条件下，可焊性是良好的。也可采用焊接裂纹敏感性指数来衡量可焊性
8	强屈比	强屈比是钢材抗拉强度和屈服强度的比值，度量钢材强度安全储备的指标，抗震结构不应低于 1.2
9	冷弯性能	冷弯性能反映钢材经一定角度冷弯后抵抗产生裂纹的能力，是钢材塑性能力及冶金质量的综合指标。通过试件在常温下 180°弯曲后，如外表面和侧面不开裂也不起层，则认为合格。弯曲时，按钢材牌号和板厚容许有不同的弯心直径 d（可在 0.5~3 倍板厚范围内变动）。冷弯性能指标要比钢的塑性指标（伸长率）更难达到，它是评价钢材的工艺性能和力学性能以及钢材质量的一项综合性指标
10	脱氧方法	沸腾钢、镇静钢、半镇静钢
11	轧制方法	热轧、控轧（TMCP）
12	热处理	退火、正火、淬火、回火

3.4.2 钢材的选用

钢材的价格往往占据了钢结构工程综合单价的50%以上，合理选择钢材对控制钢结构工程造价非常重要。

钢结构构件截面的选择涉及钢材牌号的选择，以及截面形式的选择，在满足结构受力要求的前提下，需要结构设计师做比较深入细致的工作，才能选到结构受力与造价综合最优的截面形式。

钢结构材料的选用，要考虑多方面的因素，首先是结构受力的要求，其次还要遵循规范与标准的规定，另外还要考虑工程造价、施工可行性、工作环境等多种因素来综合确定。《钢结构设计标准》（GB 50017—2017）对钢材的选用提出了明确的要求。

1. 钢材的选用原则

1）结构钢材的选用应遵循技术可靠、经济合理的原则，综合考虑结构的重要性、荷载特征、结构形式、应力状态、连接方法、工作环境、钢材厚度和价格等因素，选用合适的钢材牌号和材性保证项目。

2）承重结构所用的钢材应具有屈服强度、抗拉强度、断后伸长率和硫、磷含量的合格保证。对焊接结构尚应具有碳当量的合格保证。焊接承重结构以及重要的非焊接承重结构采用的钢材应具有冷弯试验的合格保证。对直接承受动力荷载或需验算疲劳的构件，所用钢材尚应具有冲击韧性的合格保证。

3）钢材质量等级的选用应符合下列规定：

①A级钢仅可以用于结构工作温度高于0℃的，不需要验算疲劳的结构，且Q235A钢不宜用于焊接结构。

②需验算疲劳的焊接结构用钢材应符合下列规定：

当工作温度高于0℃时，其质量等级不应低于B级。

当工作温度不高于0℃，但高于-20℃时，Q235钢、Q355钢不应低于C级，Q390钢、Q420钢及Q460钢不应低于D级。

当工作温度不高于-20℃时，Q235钢和Q355钢不应低于D级，Q390钢、Q420钢、Q460钢应选用E级。

③需验算疲劳的非焊接结构，其钢材质量等级要求，可较上述焊接结构降低一级，但不应低于B级。起重机起重量不小于50t的中级工作制吊车梁，其质量等级要求应与需要验算疲劳的构件相同。

4）工作温度不高于-20℃的受拉构件及承重构件的受拉板材，应符合下列规定：

①所用钢材厚度或直径不宜大于40mm，质量等级不应低于C级。

②当钢材厚度或直径不小于40mm时，其质量等级不宜低于D级。

③重要承重结构的受拉板材，宜满足现行国家标准《建筑结构用钢板》（GB/T 19879—2023）的要求。

5）在T形、十字形和角形焊接的连接节点中，当其板件厚度不小于40mm且沿其板厚方向有较高撕裂拉力作用，包括较高约束拉应力作用时，该部位板件钢材宜具有厚度方向抗撕裂性能，即Z向性能的合格保证。其沿板厚方向断面收缩率不小于按现行国家标准《厚度方向性能钢板》（GB/T 5313—2023）规定的Z15级允许限值。钢板厚度方向承载性能等级应根据节点形式、板厚、熔深或焊缝尺寸、焊接时节点拘束度以及预热、后热情况等综合确定。

6）采用塑性设计的结构及进行弯矩调幅的构件，所采用的钢材应符合下列规定：

①屈强比不应大于0.85。

②钢材应有明显的屈服台阶，且伸长率不应小于20%。

7）钢管结构中的无加劲直接焊接相贯节点，其管材的屈强比不宜大于0.8；与受拉构件焊接连接的钢管，当管壁厚度大于25mm且沿厚度方向承受较大拉应力时，应采取措施防止层状撕裂。

8）连接材料的选用应符合下列规定：

①焊条和焊丝的型号和性能应与相应母材的性能相适应，其熔敷金属的力学性能应符合设计规定，且不应低于相应母材标准的下限值。

②对直接承受动力荷载或需要验算疲劳的结构以及低温环境下工作的厚板结构，宜采用低氢型焊条。

③连接薄钢板采用的自攻螺钉、钢拉铆钉、射钉等应符合有关标准的规定。

9）锚栓可选用Q235、Q355、Q390或强度更高的钢材，其质量等级不宜低于B级，工作温度不高于-20℃时，锚栓尚应满足《钢结构设计标准》（GB 50017—2017）第4.3.4条的要求。

更多具体的技术要求可参见钢结构设计标准，此处不再赘述。

2. 其他管理方面的要求

有以下几条原则需要注意把握：

1）要尽量选择常规的、市场供应充足的牌号钢材，如Q235、Q355。

2）要优先选择型材，如工字钢、槽钢、方钢等截面形式，避免选择焊接截面形式。

3）即便选择工厂焊接构件，在截面选择过程中也要考虑可焊性较好的钢材，构件的截面选择要有利于加工，设计师要具有构件加工的知识。

4）由于每根构件的受力不同，在截面选择的过程中，必须考虑构件的加工、连接、受力的需要，进行截面的合理汇总、合并，减少构件的种类。

3.5　钢结构的结构选型

结构选型是结构初步设计阶段最重要、最关键的工作，它要确定结构设计中的所有主要技术事项，如荷载选择、材料选择、分析方法、构件截面和节点、结构平面和竖向布置、结构体系选择等。结构选型的成果直接决定了结构造价的水平。要做到结构安全和结构造价的综合最优，需要结构设计师做大量深入而细致的工作。

关于荷载、材料、截面和节点设计，其他节内容有专门的讨论，本节主要讨论结构体系的相关问题。

3.5.1　何为超限结构

1. 规则与非规则结构

规范将建筑结构分为规则结构和不规则结构两类。

规则结构具有良好的抗震性能，不规则结构则应按规定采取加强措施，特别不规则的结构应进行专门研究及论证，采取特别的加强措施。严重不规则的建筑结构不应采用。不规则建筑结构无疑要付出更多的结构造价。不规则的类型见表 3-5、表 3-6。

表 3-5　平面不规则的类型

不规则类型	定义
扭转不规则	在具有偶然偏心的规定水平力作用下，楼层两端抗侧力构件弹性水平位移（或层间位移）的最大值与平均值的比值大于 1.2
凹凸不规则	结构平面凹进的一侧尺寸大于相应投影方向总尺寸的 30%
楼板局部不连续	楼板的尺寸和平面刚度急剧变化，例如，有效楼板宽度小于该层楼板典型宽度的 50%，或开洞面积大于该层楼面面积的 30%，或较大的楼层错层

表 3-6　竖向不规则的类型

不规则类型	定义
侧向刚度不规则	该层的侧向刚度小于相邻上一楼层的 70%，或小于其上相邻三个楼层侧向刚度平均值的 80%；除顶层外或出屋面小建筑外，局部收进的水平向尺寸大于相邻下一层的 25%
竖向抗侧力构件不连续	竖向抗侧力构件（柱、抗震墙、抗震支撑）的内力由水平转换构件（梁、桁架等）向下传递
楼层承载力突变	抗侧力结构的层间受剪承载力小于相邻上一楼层的 80%

当存在多项不规则或某项不规则超过规定的参考指标较多时，应属于特别不规则的建筑。

2. 适用高度

在结构的规则性之外，规范对各类钢结构体系以及各种钢与混凝土的组合结构体系的适用高度也进行了限定：

《建筑抗震设计规范》（GB 50011—2010）第 6. 1. 1 条规定了现浇钢筋混凝土房屋的结构类型和最大高度的要求，见表 3-7。平面和竖向均不规则的结构，适用的最大高度宜适当降低。

注：本章“抗震墙”是指结构抗侧力体系中的钢筋混凝土剪力墙，不包括只承担重力荷载的混凝土墙。

表 3-7　现浇钢筋混凝土房屋适用的最大高度（单位：m）

结构类型		烈度				
		6	7	8（0.2g）	8（0.3g）	9
框架		60	50	40	35	24
框架—抗震墙		130	120	100	80	50
抗震墙		140	120	100	80	60
部分框支抗震墙		120	100	80	50	不应采用
筒体	框架—核心筒	150	130	100	90	70
	筒中筒	180	150	120	100	80

（续）

结构类型	烈度				
	6	7	8（0.2g）	8（0.3g）	9
板柱—抗震墙	80	70	55	40	不应采用

注：1. 房屋高度是指从室外地面到主要屋面板板顶的高度（不包括局部凸出屋顶部分）。
2. 框架—核心筒结构是指周边稀柱框架与核心筒组成的结构。
3. 部分框支抗震墙结构是指首层或底部两层为框支层的结构，不包括仅个别框支墙的情况。
4. 表中框架不包括异形柱框架。
5. 板柱—抗震墙结构是指板柱、框架和抗震墙组成抗侧力体系的结构。
6. 乙类建筑可按本地区抗震设防烈度确定其适用的最大高度。
7. 超过表内高度的房屋，应进行专门研究和论证，采取有效的加强措施。

《建筑抗震设计规范》（GB 50011—2010）第 8. 1. 1 条规定，钢结构民用房屋的结构类型和最大高度应符合规定，见表 3-8。平面和竖向均不规则的钢结构，适用的最大高度宜适当降低。

表 3-8　钢结构房屋适用的最大高度　　（单位：m）

结构类型	6 度、7 度（0.01g）	7 度（0.15g）	8 度		9 度
			（0.20g）	（0.30g）	（0.40g）
框架	110	90	90	70	50
框架—中心支撑	220	200	180	150	120
框架—偏心支撑（延性墙板）	240	220	200	180	160
筒体（框筒、筒中筒、桁架筒、束筒）和巨型框架	300	280	260	240	180

注：1. 房屋高度是指从室外地面到主要屋面板板顶的高度（不包括局部凸出屋顶的部分）。
2. 超过表内高度的房屋，应进行专门研究和论证，采取有效的加强措施。
3. 表内的筒体不包括混凝土筒。

对于钢支撑-混凝土框架和钢框架-混凝土筒体结构，即钢-混凝土的组合结构，其抗震设计应符合《建筑抗震设计规范》（GB

50011—2010）附录 G 的规定：

附录 G. 2. 1 条规定，按本节要求进行抗震设计时，钢框架-混凝土核心筒结构适用的最大高度不宜超过规范第 6. 1. 1 条钢筋混凝土框架-核心筒结构最大适用高度和规范第 8. 1. 1 条钢框架-中心支撑结构最大适用高度二者的平均值。超过最大适用高度的房屋，应进行专门研究和论证，采取有效的加强措施。

规范将不规则结构和超过适用高度的结构统称为超限结构。超限结构的设计和施工都会面临比规则结构更多的问题和困难，结构造价也会大幅度地增加。业主在选用超限结构的建筑方案时必须慎重，要根据项目的实际情况量力而行。超限结构的结构选型是一项更为困难的工作，需要项目管理者给予充分的关注，也需要结构工程师发挥大量的创造性劳动，应积极地采用新技术新思路来解决。

3. 5. 2　结构选型的原则和方法

结构受力分为水平力和竖向力两种，竖向力即重力，水平力主要是风荷载和地震荷载，尤其是地震荷载是影响结构选型最主要的因素。从结构受力的角度，尤其是结构抗震设计的角度，规范对结构体系的选择提出了下列要求：

1）应具有明确的计算简图和合理的地震作用传递途径。

2）应避免因部分结构或构件破坏而导致整个结构丧失抗震能力或对重力荷载的承载能力。

3）应具备必要的抗震承载力，良好的变形能力和消耗地震的能力。

4）对可能出现的薄弱部位，应采取措施提高抗震能力。

结构体系尚宜符合下列各项要求：

1）宜有多道抗震防线。

2）具有合理的刚度和承载力分布，避免因局部削弱或突变形成薄弱部位，产生过大的应力集中或塑性变形集中。

3）结构在两个主轴方向的动力特性宜接近。

以上的各项要求是结构抗震概念设计的基础，应满足的要求是强制性的，宜满足的要求则是非强制性的。根据上述抗震概念设计的要求，建筑及其抗侧力结构的平面布置宜规则、对称，并应具有良好的整体性；建筑的立面和竖向剖面宜规则，结构的侧向刚度宜均匀变化，竖向抗侧力构件的截面尺寸和材料强度宜自下而上逐渐减小，避免抗侧力结构的侧向刚度和承载力突变。

结构的平面布置要满足建筑功能的平面要求，同时也要满足结构受力的需要。结构工程师通常要积极配合建筑师的想法，但也有义务在功能与结构受力之间寻求合理的平衡。在结构平面布置过程中，有两个结构设计元素要特别予以注意。一是核心筒的平面位置，二是无柱大空间的布置。这两个元素的空间位置不合理，会带来结构处理的难度及结构造价的显著增加。

结构分析是结构设计的灵魂，其中的抗震分析更是结构选型的重点和关键。结构分析通常分为以下几个步骤：

1）确定荷载和荷载组合。

2）选择合理的计算程序并建立结构计算模型。

3）设定边界条件，施加荷载，选用合理的计算参数和方法进行分析计算。

4）计算结果的分析、归纳和整理。

对于结构的分析计算，有两点要特别予以注意：

1）规范要求对于复杂结构，应采用两个以上的软件，建立两个以上的力学模型来进行分析。同时，计算模型的建立应进行必要的简化与处理，应符合结构的实际工作状况。另外，所有的计算机计算结果应经分析判断，确认其合理有效后方可用于工程设计。

2）对于抗震分析，规范要求按照小震可用、中震可修、大震不倒的三水准来设计，即小震下所有构件和节点按弹性设计；在大震下，最薄弱部位变形满足规范要求，不能倒塌，关键构件的受力性能要进行控制；中震下容许部分次要构件进入屈服，但不能对结构造成较大破坏，修复后可继续使用。

上述要求乃是一种基于性能的分析方法，要求工程师必须将抗震分析的工作进行得深入而细致，在三水准设防的前提下，明确在各个设防水准下各类构件的性能控制目标，以此为基础进行抗震设计。性能控制目标的确定，需要进行大量的反复分析论证工作，定得过高一方面难以做到，也不利于控制结构造价。定得过低无法保证结构安全，需要工程师经过深思熟虑、大量的分析论证后，确定一个合理的目标。

3.5.3 各类钢结构体系的选择

钢结构简单分为轻钢结构和重钢结构两类，下面分别说明：

（1）轻钢结构体系　轻钢结构体系主要适用于单层无柱大空间结构，如体育场馆、会展中心、航站楼、候车大厅等，以及多层工业与民用建筑。

1）对于单层无柱大空间结构，常用的为空间网架结构体系。空间网架结构无论是从结构受力，还是造价上都是最优的选择。而且钢网架结构可以满足各种复杂曲面和形状的功能与美学要求。钢网架分为焊接球网架和螺栓球网架两类，对应于球体和杆件的两种不同连接方式。钢网架主要用来承受均匀分布的荷载，即使承受集中力也不能过大，且必须承受在球体上。

目前，钢网架结构的发展已经非常成熟，钢网架公司在给定支座条件、受力要求的情况下，就可以完成钢网架的设计、加工及安装，已经实现了钢网架的专业化一条龙服务。

2）对于单层或多层工业与民用建筑，如工业厂房、仓库、商业建筑、多层住宅等，可以采用门式钢架、轻钢框架、轻钢屋架等钢结构体系；也可以采用钢筋混凝土框架或剪力墙体系；或采用钢与混凝土的组合结构体系。

不管哪种体系，其结构设计和施工的难度都不大。这种情况下，结构体系的选择有多种，但哪种选择会最优，就不能简单从结构受力、结构造价来考虑，而要从工程进度、功能需求、施工对环境的影响、结构的再生利用等各个方面进行综合评估，在这样的情况下，钢结构往往更具有优势。

（2）重钢结构体系　重钢结构体系主要是指高层建筑钢结构体系，可以采用纯钢结构体系，也可以采用钢与混凝土的组合体系。下面列表对两类结构体系的具体形式、优缺点及对工程造价的影响做简单分析。

1）纯钢结构体系，见表 3-9。

表 3-9　纯钢结构体系

序号	结构体系名称	结构体系构成及特点	优缺点及造价分析
1	钢框架体系	由钢结构梁、柱及楼板沿纵横向布置形成的结构体系	钢结构体系中最基本的体系，布置灵活，施工速度快但刚度低，抵抗水平荷载能力差，造价较低，适用层数不高
2	框架支撑体系	在钢框架体系的基础上，沿房屋的纵横向，根据侧力大小在梁柱间布置一定量的斜向支撑	与钢框架体系相比，抵抗水平荷载的能力有了显著提高，适用层数提高，但斜撑影响了室内空间的利用，造价也有所提高

（续）

序号	结构体系名称	结构体系构成及特点	优缺点及造价分析
3	框架支撑芯筒体系	在框架支撑体系的基础上，将斜向支撑布置在核心筒周围形成的体系	与框架支撑体系相比，结构的平面布置更为合理，更有利于利用，是一种优化的框架支撑体系
4	框架墙板体系	与框架支撑体系相比，这种体系将支撑换成预制墙板。所谓墙板，可以是带纵横向加劲肋的钢板墙，也可以是预制钢筋混凝土墙板	预制墙板只承受水平剪力。墙板可预制加工，与梁柱留有缝隙，仅数处与钢梁相连，施工简易方便，造价合理，在多、高层建筑中广泛使用
5	框筒体系	框筒是由三片以上的“密柱深梁”框架所围成的抗侧力构件。密柱是指密排钢柱，柱的中心距为3~4.5m，深梁是指0.9~1.5m高的实腹式钢梁。框筒具有很强的抵抗水平荷载的能力。框筒体系是指框筒布置于建筑平面的外围，而框筒内部则为框架体系的结构体系	框筒位于建筑周边，具有很强的抗倾覆、抗扭能力，适用于平面复杂的高层建筑，而内部框架只承受重力荷载，可根据需要灵活布置。框筒体系适用于较高的高层建筑，造价也相对合理
6	筒中筒体系	将两个或两个以上的同心框筒组成的结构体系称为筒中筒体系。内筒也可以为框架-墙板或支撑芯筒	筒中筒体系可以进一步提高结构抵抗水平荷载的能力，适用于更高层的建筑，造价也相对更高一些
7	巨型框架体系	以巨型框架为结构主体，在巨型框架间设置普通的小型框架的结构体系。巨型框架的巨型柱一般沿建筑平面的周边布置，均为较大截面尺寸的空心、空腹立体构件，巨型梁一般采用1~2层高的空间桁架梁。巨型框架间的小框架则一般为普通的承重框架 巨型框架承担作用于整座大楼的水平和竖向荷载。小框架则承担所属范围内的重力荷载	巨型框架体系提供了较大的楼层建筑空间，为建筑平面布置提供了很大的灵活性 巨型框架具有较强的受力性能，可以适用于较高的高层建筑结构，造价也较高

上表简单分析了纯钢结构的几种典型结构体系，也提到了纯钢结构的设计元素，如梁、柱、楼板、桁架、支撑、墙板、巨型柱、巨型梁等。实际的结构设计中，需要结构设计师充分发挥创造力，将这些设计元素灵活组合应用，以满足建筑功能需求和平面组合的千变万化。

2）钢与混凝土的组合体系，见表 3-10。

表 3-10　钢与混凝土的组合体系

序号	结构体系名称	结构体系构成及特点	优缺点及造价分析
1	混凝土芯筒—钢框架体系	钢与混凝土组合体系中最基本的体系，由钢筋混凝土核心筒与外围的钢框架共同组成。钢筋混凝土核心筒主要承受水平荷载，钢框架则主要承担重力。芯筒与钢框架通过楼板、梁及伸臂桁架形成整体，共同受力	混凝土芯筒—钢框架体系是目前使用最为广泛的体系，它实现了混凝土结构和钢结构受力的优势互补。混凝土芯筒—钢框架体系比纯钢结构体系更为经济
2	混凝土偏筒—钢框架体系	这种体系将混凝土核心筒布置在楼面的一角或一侧，其余部分布置钢框架。偏置的混凝土核心筒具有很大的刚度，为了减少结构的整体偏心和扭转，另一侧的钢框架应采用较大刚度的大截面梁和柱	这种体系适用于需要开阔空间的高层建筑，不允许采用核心式布置方式 这种体系与核心式布置的体系相比，无疑造价要更高
3	混凝土内筒—钢外筒体系	这种体系将外围的钢框架进行加强，采用密柱深梁形成钢框筒，和内圈的钢筋混凝土核心筒一起形成筒中筒体系	此种体系的受力性能更强，适用高度也大大增加。当然，结构造价也随之增加
4	芯筒悬挂体系	一种特殊的组合结构体系，混凝土核心筒之外的钢框架均通过悬臂钢桁架及钢吊杆悬挂在核心筒上，核心筒承受所有的竖向力和水平力	这种体系抗震性能较差，仅适用于非地震区及低烈度区的高层建筑，其适用高度也不应过高，这种体系会大大增加结构的造价

（续）

序号	结构体系名称	结构体系构成及特点	优缺点及造价分析
5	多筒钢梁体系	由三个或三个以上的钢筋混凝土筒体作为竖向构件。各楼层大跨度钢梁或桁架作为水平构件所组成的结构体系，承受着大楼的全部重力荷载和水平荷载。大型钢梁之间布置承重次梁，承托各层楼板	此种体系适用于层数不是很多，楼层使用面积要求宽阔、无柱空间的高层建筑
6	混凝土框筒—钢框架体系	此种体系将混凝土核心筒推到建筑外围，形成钢筋混凝土框筒，而钢框架则转移到钢筋混凝土框筒的内部，这样使建筑维护部件与结构受力构件合二为一。大楼外墙面除了采光面积外，其余面积均可用于钢筋混凝土框筒的梁和柱。外框筒承担了整座大楼的全部水平荷载，内部框架仅承担竖向荷载	这种体系可满足特殊的建筑效果及内部的开阔空间，其造价要具体分析

上述的几种结构体系是钢与混凝土组合结构的几种主要形式。实际工程中的结构体系更为复杂，往往由上述的结构体系演化而来，或组合而成，需要在综合结构受力、功能需求及工程造价的基础上灵活运用。

3.6　钢结构的节点设计

钢结构的设计成果最后都要落实到构件和节点的设计上来，构件包括梁、柱、支撑等，节点就是这些构件之间连接处的做法。

节点的形式千变万化，受力非常复杂，需要通过结构受力分析和构造措施来共同保证节点的受力安全。节点设计的原则是节点不能早于构件破坏，所以节点的设计往往相对于构件来说要更强、更安全。

典型的钢结构节点包括柱脚节点、梁柱节点、柱与柱的连接节点、主次梁的连接节点等。在结构设计规范中，对常规的节点做法有非常详细的构造措施规定，但对于一些非常规的节点，需要设计师重点设计。如果设计分析手段不足，还需要通过节点试验来摸清节点的受力性能。

因而在钢结构工程设计中，对节点的设计一定要非常慎重，要考虑节点受力安全，同时要考虑节点加工的可行性，听取钢结构加工专家的意见和建议，尽力避免造价非常昂贵的钢结构节点。

本章工作手记

本章讨论了设计阶段造价管理的方法论，以及如何将造价管理的方法与钢结构工程的技术实践具体结合运用，内容概括如下。

<table>
<tr><td>设计合同—工程设计的集成管理文件</td><td colspan="2">（1）建筑方案的确定与设计合同的签订
（2）设计质量与设计深度：设计深度对工程招标的影响及钢结构工程的设计深度
（3）设计进度与工程项目进度的关系
（4）设计优化措施及钢结构工程的设计优化</td></tr>
<tr><td rowspan="2">设计概算与预算</td><td>概算</td><td>设计阶段的造价控制目标及设计概算报告的编制方法</td></tr>
<tr><td>预算</td><td>工程预算的概念、作用及现状</td></tr>
<tr><td rowspan="2">钢结构工程设计的技术与造价</td><td>设计基本参数的复核与确定</td><td>地震荷载、使用荷载是关注重点</td></tr>
<tr><td>钢结构材料的选择</td><td>钢材的性能指标及选用原则</td></tr>
</table>

（续）

钢结构工程设计的技术与造价	钢结构的结构选型	结构选型的原则和方法，以及各种主要结构体系的特点和优缺点
	钢结构节点设计	注重非常规节点的设计，避免昂贵的钢结构加工节点

第4章　工程招标投标阶段的钢结构造价管理

本章思维导读

工程招标投标是工程造价管理工作最集中、最重要的阶段，其核心目的是用合理的价格来寻找到合适的承包商来承担工程建设任务。本章将对工程招标投标的过程及重点工作，并结合钢结构工程的特点进行详细讨论。

4.1　工程招标投标概述

工程项目是否需要招标，要依据项目自身的情况及工程招标投标的法规来确定。依法必须进行施工招标的项目，要具备下列条件：

1）招标人已经依法成立。

2）初步设计及概算已履行审批手续，并获得批准。

3）有相应的资金或资金来源已落实。

4）有招标所需的设计图纸及技术资料。

工程招标投标工作大致可分为三个阶段，第一阶段是招标准备阶段，包括招标前的各项准备工作，如编制招标文件、编制工程量清单、确定招标策略和招标方式等；第二个阶段是招标实施阶段，包括发标、投标和评标；第三个阶段则是发放中标通知书及签订合同。

下面对工程招标投标所包含的主要工作进行概括说明，见表 4-1。

表 4-1　工程招标投标工作内容

序号	阶段	工作名称	工作内容说明
1	招标准备阶段	确定招标策略、标段划分	将工程整体发包给一个承包商，还是将工程分成两个或更多的标段，分包给不同的承包商。标段之间如何分割，以有利于管理并形成竞争。这就是招标策略要解决的问题
2		招标人将为投标人提供的条件准备	包括现场的三通一平，地下障碍物资料的准备，现场平面及高程基准桩的设立
3		投标人主要资格条件的确认	施工企业资质要求、经验和业绩要求、专项施工能力的要求、人员的要求、机具设备及财务状况的要求等
4		确定招标方式	是采用公开招标还是邀请招标，如果采用公开招标的话，是进行资格预审，还是资格后审
5		编制招标文件	招标文件的编制是招标准备工作中最重要的一项。招标文件包括商务和技术两个部分。技术要求一般由设计方来完成，而商务条件一般由招标代理机构和造价顾问编制而成
6		编制招标控制价	按照《建设工程工程量清单计价规范》（GB 50500）要求，国有资金投资的建设工程招标，招标人必须编制招标控制价。招标控制价应由具有编制能力的招标人或受其委托具有相应资质的工程造价咨询人编制和复核。招标人应在发布招标文件时公布招标控制价。同时，应将招标控制价及有关资料报送工程所在地或有该工程管辖权的行业管理部门或工程造价管理机构备查
7		编制工程量清单	工程量清单是工程造价的主体文件，也是确定合同价格的主要依据，必须要请有相应资质的造价咨询人员来编制

（续）

序号	阶段	工作名称	工作内容说明
8	招标准备阶段	确定合同形式和合同文本	合同形式主要有总价合同、单价合同及成本加酬金合同三种形式。合同文本则主要有国内的“标准文件”和“示范文本”，以及国际通用的 FIDIC 文本，可根据项目自身的需求选用
9		确定招标代理机构	委托招标代理机构是常用的做法，这样可以获得专业的招标服务，如编制招标商务文件、处理大量事务性工作、与招标投标管理办公室沟通等
10		对潜在投标人的考察	对潜在投标人进行考察非常重要，了解其实力和信誉，是否具备履约能力。只有通过了考察的投标人才能进行投标
11		办理招标备案手续	工程招标投标应向招标投标管理办公室报备，并服从其管理
12	招标实施阶段	发布招标信息	应在招标投标管理办公室指定渠道发布招标信息
13		指定日期发放标书	在招标信息公布的指定日期发售招标文件
14		投标人资格审查	如果招标有资格预审，则第一轮先发放资格预审文件，投标人在指定日期提交资格预审标书，只有通过了第一轮资格预审的投标人才能在第二轮正式购买施工招标文件，并正式投标。当然也可以资格后审，即开标后再进行资格审查，并剔除资格审查中不合格的投标人
15		组织现场踏勘和答疑	发标人要组织现场踏勘，供投标人了解现场实际情况，并对投标人的商务和技术疑问进行公开而统一的答疑，答疑文件要列入招标文件中
16		投标人编制投标文件	投标人按照招标文件的要求及自身的情况编制投标文件，最主要的还是报价
17		投标文件送达	在指定日期，投标人将密封的投标文件送到指定地点
18		开标	也称为唱标，在所有投标人都在场，并核验所有投标文件的密封情况后，公布每份投标文件的投标人名称及标价

（续）

序号	阶段	工作名称	工作内容说明
19	招标实施阶段	组建评标委员会	评标人应组建评标委员会，评标委员会人员构成应满足相关法规的要求
20		投标文件评审	评标委员会在相对封闭的状态下，按照招标文件所列明的评标方法，对投标文件进行评审
21		评标委员会向招标人提交书面评标报告，并推荐中标候选人	评标委员会经过充分评审，并协调一致的基础上，编制评标报告。评标报告应推荐中标候选人，并标明顺序，以及其他需要提醒招标人注意的问题。评标报告应由所有专家签字认可
22		招标人内部履行审批手续确定中标人	在评标报告的基础上，招标人履行向上级主管部门的审批手续，确定最终的中标人
23	发放中标通知书及签订合同阶段	发出中标通知书	招标人向中标人颁发中标通知书
24		订立书面合同	颁发通知书后，招标人要与投标人签订书面合同，合同内容不能实质性地违背招标文件和投标文件的约定
25		退还投标保证金	合同签订后，招标人要向所有投标人退还投标保证金

4.2 招标准备阶段的重点工作

下面将对招标准备阶段的重点工作，并结合钢结构工程的特点进行讨论。

4.2.1 钢结构招标策略与标段划分

招标策略是指对工作内容如何划分并如何发包。下面对钢结构工程的招标策略和标段划分进行讨论。

1. 钢结构工程招标策略

钢结构的工程范围包括钢材的采购及供应、钢结构深化设计及加工、钢结构现场安装三部分，在实际工程中，钢材采购和供应、深化设计和加工，往往由钢结构加工厂家来承担，钢结构的安装则由具有大型吊装设备的施工安装企业来承担。这种分工既符合专业化分工的要求，也是市场运行的自然选择。但从项目管理的角度来说，这三部分内容密不可分，钢结构加工要为安装服务，安装又依赖于加工，在这种情况下，必须有一个单一的责任主体来承担，并统一协调管理钢结构工程项下的所有工作内容。这个责任主体最合理的选择就是工程总承包商。

所以，在工程总承包商招标时，要将钢结构工程和其他的结构工程，如基础工程、钢筋混凝土工程等一起纳入总承包商的工作范围，由总承包商来统一协调管理，这对保证结构工程的质量和工作的顺利开展都最有利。

在这种情况下，建设单位通常会有疑虑，如何保证钢材的质量？如何保证总承包商选择的加工和安装分包商的履约能力？

面对这些疑虑，通常有以下几种应对措施：

1）从自身来说，招标文件中技术标准要明确，尤其是钢材的技术要求；设计文件要完备、合理，这样承包商可以操作的空间就小。

2）对于钢材供应，除了技术标准要明确外，可以经过充分的考察后，列出一个短名单，短名单内的钢材生产企业要质量、信誉可靠，生产能力可以满足工程需求，要求总承包商在短名单的范围内采购钢材。

3）对于钢结构加工和安装的分包商，可以提出资质要求、同类工程经验的要求，必要时也可以在充分考察后，列出一个短名单，要求总承包商在短名单的范围内选择分包商。

4）更直接的方法是，业主和钢材生产厂家、钢结构加工和安装分包商分别谈好合同价格及主要合同条款，由总承包商和钢材供应商、加工和安装分包商签订合同，总包收取管理费，并统一协调管理。这种方式对业主的专业能力要求较高，且工作量较大，一般业主很难胜任，要慎用这种方式。

2. 钢结构工程标段划分

标段划分的原则是：便于管理，有利于招标竞争，易划清责任界限，按整体单项工程或者分区分段来划分标段，把施工作业内容和施工技术相近的工程项目合在一个标段中。

进行标段划分主要是基于以下的原因：一是工程的规模很大，市场上能够独立承担的承包商很少，甚至少于三家，不足以形成招标竞争；二是工程各部分的施工作业内容和施工技术相差较大，必须由不同的专业承包商来施工；三是为了便于管理，在现场引入竞争机制，加快施工进度，降低风险，平衡各方面的关系等，因此需要把工程划分为多个标段。

在标段划分的过程中，最需关注的一点是对各标段之间接口的划分，一定要界限清楚，责任明确，接口最少且技术上易于处理。对于一些实体上相对独立的标段，如一个工程由多栋单体建筑组成，则标段划分可以按单体建筑来划分，接口问题不是很明显。但如果是将一个建筑的不同部分划分为不同的标段，则需要格外注意接口问题。一个失败的例子是，某高层建筑，为钢框架结构，业主将钢柱作为一个标段，钢梁作为一个标段，由两家不同的公司来加工，结果人为造成大量的接口，在现场安装的工程中，出现了大量的柱子与梁无法装配到一起的问题。

有时接口是难以避免的，但必须有相应的技术措施进行处理，如中央电视台新址工程，由两个塔楼，分别称为塔楼 1 和塔楼 2，以及一个空中的悬臂部分组成。由于钢结构加工量很大，达到 10 万 t 以上，工期紧，没有一个钢结构加工单位能够按时独立完成，则将钢结构加工分成两个标段，塔楼 1 是一个标段，由江苏沪宁钢机进行加工，塔楼 2 及悬臂部分是另一个标段，由上海冠达尔钢结构公司加工。在塔楼 1 与悬臂的相交部位，是工程的接口，为了保证钢结构在高处安装的一次性成功，在总承包的组织下，所有接口部位的钢构件，在加工场均进行了预拼装，从而保证了现场安装的一次成功。

4.2.2　招标合同规划及招标控制价

前面讲述了钢结构的招标策略，从整体项目管理的角度而言，钢结构只是结构工程的一部分，宜纳入总承包的工作范围，实行统一管理。从建设工程整体管理的角度而言，在工程招标之前，需对建设工程的招标合同进行总体规划，明确每个招标合同的工作范围、合同之间的管理界面。明确每个合同的合同价格、招标计划安排等，这是工程造价管理最重要的工作之一。

下面对建设项目的招标合同规划及合同之间的管理界面进行简要说明，见表 4-2。

表 4-2　招标合同规划及合同之间的管理界面

序号	合同名称	工作范围	与其他合同的管理界面划分	合同控制价
1	工程总承包合同	总承包的工作范围大致分为三个方面： （1）管理：工地现场全面质量、进度、造价、安全管理。管理及协调指定分包商和供应商 （2）施工：基坑工程、基础工程、钢筋混凝土工	除了那些明确要纳入单独招标的合同的工作范围之外，所有的工作都应由总承包商来负总责	以批准设计概算为依据，委托造价咨询机构来编制

（续）

序号	合同名称	工作范围	与其他合同的管理界面划分	合同控制价
1	工程总承包合同	程、钢结构工程、防水工程、屋面工程、砌筑工程、室外工程、机电安装工程、粗装修工程 （3）采购：材料和设备采购	除了那些明确要纳入单独招标的合同的工作范围之外，所有的工作都应由总承包商来负总责	以批准设计概算为依据，委托造价咨询机构来编制
2	幕墙工程	幕墙深化设计，材料采购、供应、加工及安装	幕墙深化设计要与建筑、结构、机电设计师密切配合；现场施工过程中，主体结构出地面后，需要在楼层结构上预埋幕墙支撑埋件，埋件由幕墙承包商提供，总承包商负责埋设；幕墙施工要与主体结构施工形成合理的搭接次序，尽快完成封闭，为装修和机电施工创造条件	
3	电梯工程	电梯的深化设计、供应及安装	深化设计要与建筑、结构、机电设计师密切配合，主体结构上要预留预埋电梯埋件	
4	弱电工程	弱电各系统的深化设计、采购、安装和调试	深化设计要与建筑、结构、机电设计师密切配合，主体结构上要为弱电各系统进行预留预埋	
5	精装修工程	深化设计、采购和施工	深化设计要与建筑、结构、机电设计师密切配合，结构完工并在幕墙封闭的情况下开始施工	
6	园林绿化和道路工程	深化设计、采购及施工	深化设计相对独立，一般在工程后期插入，竣工前完成	

（续）

序号	合同名称	工作范围	与其他合同的管理界面划分	合同控制价
7	市政工程	设计、采购及施工	施工内容相对独立，只有市政施工资质的公司才能参与，多数涉及现场开挖，要与总承包商协商插入施工时间	以批准设计概算为依据，委托造价咨询机构来编制

上述的合同规划是基于形成设计和施工流水搭接的考虑，以加快工程进度，客观上应是合理可行的。因为工程总承包进场后，先进行基础及地下结构的施工，这样就有一段时间让后续的幕墙工程、电梯工程、弱电工程、精装修工程和园林绿化和道路工程及市政工程，逐步地完成设计和施工招标，并按照总体进度的要求，开始现场施工。尤其是弱电工程、精装修工程和园林绿化工程，施工次序更是靠后，形成这种流水搭接是可行而且必要的。

对招标合同的规划，在设计阶段之前就要提前安排，因为招标计划与设计文件的提交密切相关。对应于不同的项目管理模式，招标合同规划也会有所不同，每个合同包含的工作内容划分也随之相应改变。

在确定了合同规划的情况下，要随之确定每个合同的概算目标。合同概算要依据批准的初步设计概算来编制，或者说要将初步设计概算分解到每个需要招标的合同上去。合同概算是招标人对每个合同进行贷款审批、效益评估的依据，也是编制每个合同的标底和招标控制价的基础。

标底适用于采用标底招标的项目。随着工程量清单招标的广泛使用，招标控制价与工程量清单相匹配，也得到了普及。《建筑工程工程量清单计价规范》要求，国有资金投资的建设工程招标，招标人必须采用工程量清单招标，并编制招标控制价。招标控制价应由具有编制能力的招标人或受其委托具有相应资质的工程造价咨询人员编制和复核。招标人应在发布招标文件时公布招标控制价，同时应将招标控制价及有关资料报送工程所在地或有该工程管辖权的工程造价管理机构备查。

4.2.3 招标文件的内容

招标文件通常包括以下几项内容：

1）投标邀请书。

2）投标须知及投标须知前附表。

3）投标文件格式。

4）合同协议书。

5）合同通用条件。

6）合同专用条件（履约保函、工程质量保修书、保留金保函、预付款保函、分包合同条件等）。

7）工程规范（技术规格书及措施项目等）。

8）投标函及投标书附录。

9）工程量清单。

10）招标图纸。

其中，第7）、10）项为技术要求，其他均为商务条件。技术要求一般由设计方来完成，而商务条件一般由招标代理机构和造价顾问编制而成。钢结构工程量清单的编制将在本章4.2.5节重点说明。

4.2.4 钢结构建筑市场调研

在钢结构工程招标之前，对钢结构建筑市场进行调研，对潜在的投标人进行实地考察，是保证招标成功的必要手段。

根据住建部颁布的现行《建筑企业资质管理规定》，将建筑业企业资质分为施工总承包、专业承包和劳务分包三个序列。施工总承包是指对工程实行施工全过程承包或主体工程施工承包的建筑业企业，施工总承包序列企业资质设特级、一级、二级、三级共四个等级。专业承包序列企业是指具有专业化的施工技术能力，主要在专业分包市场上承接专业施工任务的建筑业企业。钢结构即属于专业承包系列，共分为一级、二级、三级共三个等级，每一个等级的专业承包企业可承担的工程范围如下：

（1）一级资质　可承担下列钢结构工程的施工：

1）钢结构高度60m以上。

2）钢结构单跨跨度30m以上。

3）网壳、网架结构短边边跨跨度50m以上。

4）单体钢结构工程钢结构总重量4000t以上。

5）单体建筑面积30000m^2以上。

（2）二级资质　可承担下列钢结构工程的施工：

1）钢结构高度100m以下。

2）钢结构单跨跨度36m以下。

3）网壳、网架结构短边边跨跨度75m以下。

4）单体钢结构工程钢结构总重量6000t以下。

5）单体建筑面积35000m^2以下。

（3）三级资质　可承担下列钢结构工程的施工：

1）钢结构高度60m以下。

2）钢结构单跨跨度30m以下。

3）网壳、网架结构短边边跨跨度33m以下。

4）单体钢结构工程钢结构总重量3000t以下。

5）单体建筑面积15000m^2以下。

注：钢结构工程是指建筑物或构筑物的主体承重梁、柱等均使用以钢为主要材料，并以工厂制作、现场安装的方式完成的建筑工程。

但住建部制定的钢结构专业承包等级划分并未将钢结构的加工和安装分开。实际情况是钢结构加工和安装企业是分离的，钢结构专业承包企业取得项目后，一般仍须将钢结构加工分包给加工企业。为了对钢结构加工企业的资质进行划分，以便于管理，中国钢结构协会于 2005 年 8 月 1 日编制发布了《中国钢结构制造企业资质管理规定（暂行）》，将钢结构制造企业分为特级、一级、二级、三级共四个等级，不同等级的钢结构制造企业承担不同范围的钢结构加工制作任务：

（1）钢结构制造特级企业　可承揽相应行业所有钢结构的制造任务。业务范围包括高层、大跨房屋建筑钢结构、大跨度钢结构桥梁结构、高耸塔桅、大型锅炉刚架、海洋工程钢结构、容器、管道、通廊、烟囱、重型机械设备及成套装备等。

（2）钢结构制造一级企业　可承揽相应行业重点钢结构的制造任务。业务范围包括高层、大跨房屋建筑钢结构、大跨度钢结构桥梁结构、高耸塔桅、大型锅炉刚架、海洋工程钢结构、容器、管道、通廊、烟囱等构筑物。

（3）钢结构制造二级企业　可承揽一般钢结构制造任务。业务范围包括高度 100m 以下，跨度 36m 以下，总重量 1200t 以下的桁架结构和边长 80m 以下，总重量 350t 以下的网架结构，中跨桥梁（20m 以下）钢结构和一般塔桅（100m 以下）钢结构等。

（4）钢结构制造三级企业　可承揽一般轻型钢结构的加工制作任务。业务范围包括高度 60m 以下，跨度 30m 以下，总重量 600t 以下桁架结构，边长 40m 以下，总重量 120t 以下网架钢结构、压型金属板及其他轻型钢结构加工制作任务。

注：从事锅炉、压力容器、输电铁塔、电梯、起重机等同时应具有国家有关部门批准的生产许可、安全证书等。

在正式招标之前，对钢结构加工及安装企业进行实地考察是非常必要的，对钢结构加工厂的考察内容见表 4-3。

表 4-3　钢结构加工厂的考察内容

序号	考察项目	说明
1	深化设计能力	设计人员数量和技术能力、设计水平、软件水平
2	加工能力	年加工能力是多少吨？加工的优势，任务是否饱满？是否还有余力来承担新的任务
3	焊接能力	持证焊工的数量、焊接设备的种类和数量
4	检测能力	检验试验室的资质，无损检测的能力，检测设备的情况
5	吊装能力	吊装设备的吨位能力和数量
6	钢材的采购能力	钢材采购的渠道和经验
7	同类工程的经验	类似工程的加工经验和业内的评价

对钢结构的安装企业，则着重考察其工程业绩，尤其是同类工程的安装经验。

4.2.5　钢结构工程量清单的编制

1. 关于工程量清单的重要规定

1）全部使用国有资金投资或国有资金投资为主的建设工程施工发承包必须采用工程量清单计价，非国有资金投资的建设工程，宜采用工程量清单计价。

2）招标工程量清单、招标控制价、投标报价、工程价款结算等工程造价文件的编制与审核，应由具有资格的工程造价专业人员承担。

2. 招标工程量清单的构成

招标工程量清单是工程量清单计价的基础，是作为编制招标控制价、投标报价、计算工程量和工程索赔等的依据之一。

招标工程量清单分为五个部分，分别是分部分项工程量清单、措施项目清单、其他项目清单、规费、税金，见表4-4。

表4-4　工程量清单的构成

序号	费用分类	费用构成	说明
1	分部分项工程量清单	依据工程设计图样，详细列明每一分部分项工程的项目编码、项目名称、项目特征、计算单位和工程量。每一项目的编码信息要依据相应工程量计量规范来编制	分部分项工程的每一项都采用综合单价来计价，综合单价由投标人来填报
2	措施项目清单	措施项目主要依据施工组织设计和施工技术方案来编制，是指为完成实体工程所需要投入的各项安全、生产措施 措施项目清单应根据现行国家计量规范来编制	措施项目中可以计算工程量的项目清单宜采用分部分项工程量清单的方式编制；不能计算工程量的项目清单，以“项”为计量单位
3	其他项目清单	按照下列内容列项： （1）暂列金额 （2）暂估价，包括材料、设备、专业工程 （3）记日工 （4）总承包服务费	
4	规费	按照下列内容列项： （1）工程排污费 （2）社会保障费：包括养老保险费、失业保险费、医疗保险费 （3）住房公积金 （4）工伤保险	

（续）

序号	费用分类	费用构成	说明
5	税金	应包括下列内容： （1）营业税 （2）城市维护建设税 （3）教育费附加	

3. 钢结构工程工程量清单

对于工程量清单的构成内容，编制过程中需要注意的问题，结合钢结构工程的特点，进行说明：

（1）编制说明　主要说明工程概况、招标范围、清单填报须知、工程量特殊计算规则、各专业工程综合单价所包含的工作内容等。

以钢结构为例，说明其工程量特殊计算规则及综合单价所含工作内容，这些规则和内容因工程项目不同而变化，仅供参考：

1）金属结构工程的计量规则在满足工程量清单计价规范的计算原则之上，应优先满足如下计量规则：

①金属结构工程内的钢屋架、钢网架、钢托架、钢桁架、钢柱及钢梁、钢构件在计算重量方面有以下的约定：所有的不规则或多边形钢板的计量均应按其设计面积乘以厚度乘以单位理论质量计算，并不会按不规则或多边形钢板的外接矩形面积乘以厚度乘以单位理论质量计算，且不扣除单个0.30m^2以内的孔洞的面积。

②所有金属结构件的跨度及安装高度均不会于本清单注明及分开列项。金属结构工程项目的单价必须包括任何高度的施工费用。

③钢结构工程中重量应为净重。对碾压余量、弹性变形、螺栓与紧固件、高强摩擦夹紧螺栓、柱状螺栓、抗剪栓钉、铆钉及铆钉头、螺母与垫圈，以及焊接材料等不另计算质量。对斜面切割、斜榫、凹槽、孔洞、槽口之类的项目不加以扣除。

④各种金属结构件的临时钢构件工程不另计算质量，即不应包括在钢结构工程的主材构件的重量中。所有此类临时构件，包括所有施工期间钢结构临时支撑、支架及因吊装钢构件所需的临时支护及承重配件等的费用将以“项”为单位分开列项于钢构件。

⑤各种金属结构件之间的连接件及金属结构件与混凝土构件（如：沉箱盖、芯墙、混凝土横档等）之间的连接件不另计算质量，即不应包括在钢结构工程的主材构件的重量中。所有此类连接件，包括底板、节点板、柱脚底板、柱帽、加劲板、拉条、楔子、托座、抗剪锚固柱、扣紧固件、螺母和垫圈、螺栓、栓钉及钢筋与金属结构件间的连接器等的费用将以“项”为单位分开列项于钢构件。

⑥零星钢构件包括爬梯、通风格栅、检查盖及同类项目，并以“个”为计量单位。

2）钢结构工程中设计、供应、加工及安装的单价应包括：

①按合同要求所进行的任何深化设计，并获得联合设计单位、工程监理/雇主代表及政府有关部门审批通过。

②供应、设计、加工、制造各类型钢及其他类似的钢构件。

③按图样及规范所要求的任何长度，供应、加工、拼装钢构件。

④按规范和图样加工任何数量、任何尺寸的钻孔、开凹槽，包括吊装及运送时所需的以备运吊用的预留孔，在孔的周围清理毛刺，以及机械、给水排水和电气等专业工程所需的预留孔洞的开洞及其加固构件等。

⑤按规范及图样对任何钢结构的预处理。

⑥按规范及图样要求在生产厂内于钢结构表面进行处理。

⑦运输材料至工地现场或经工程监理/雇主代表指定的仓库/加工场，分拆包装物料并将该物料收集处理，以及将材料卸下并堆放于指定位置。

⑧在工地现场或工程监理/雇主代表指定的仓库/加工场维修及校正因运送或其他原因造成的损坏或缺陷。

⑨按规范及工程监理/雇主代表的指示，于工地现场负责起卸，包括如载货运输车无法驶入工地或工程监理/雇主代表指定的仓库/加工场时，提供所需的叉车进行运送工作，以及所有进一步的二次搬运、存储。

⑩按规范及图样进行的安装，包括任何高度的施工吊装、就位、焊接（包括焊条的供应及耗用）、栓接、锚接及任何缺陷的修复等工作。

⑪按规范及图样要求涂刷/喷涂经批准的防锈漆的面漆及底漆于受损的钢结构表面。

⑫设置自身防雷接地系统以及负责完成该系统与总防雷接地系统的连接。

⑬提供一切产品质保证明及材料测试合格证明。

⑭按国家规定应缴纳的税款（不包括规费及税金），包括进口关税、增值税及相关清关手续。

⑮按合同文件所需进行的其他工作等。

（2）措施项目清单　一个工程具体有哪些措施项目，要依据招标工程技术规范、合同条件、工程计量规范及工程的具体情况来定。下面从上述的三个方面来进行讨论：

1）工程技术规范—措施项目：工程技术规范具体定义了措施项目的工作内容，措施项目的费用填报表格要与之对应，见表 4-5。

表 4-5　措施项目示例

编号	项目名称	单位	费用/元
1	概述		
1.01	定义		

（续）

编号	项目名称	单位	费用/元
1.02	计算期限		
1.03	工程简介		
2	现场、道路及市政基础设施		
2.01	工程现场		
2.02	接收现场实况		
2.03	临时道路、出入口及市政基础设施		
2.04	车路及人行道		
2.05	特殊交通运输的许可		
2.06	工地现场平面及高程测量		
2.07	现场数据		
3	文件		
3.01	合同文件		
3.02	图样		
3.03	文件内容不一致		
3.04	施工图及大样图		
3.05	保修证书和使用说明等		
3.06	竣工图和竣工资料		
3.07	施工组织设计		
3.08	建议优化方案		
3.09	发票及收据等文件		
3.10	进度计划		
4	项目实施及一般义务		
4.01	开工、竣工及进场		
4.02	施工时间的安排及施工限制		
4.03	设计责任		
4.04	现场指示		

（续）

编号	项目名称	单位	费用/元
4. 05	雇主代表及工程监理		
4. 06	政府机构、雇主、雇主代表及工程监理进入现场检查		
4. 07	承包商的项目管理组织		
4. 08	停工指示		
4. 09	样本及其呈审		
4. 10	红线外的工程		
4. 11	现有其他承包合同工程		
4. 12	文明施工和环境保护		
4. 13	现场参观及来访者		
4. 14	进行物料订购及制造前的检查		
4. 15	进度报表及照片		
4. 16	工地会议		
4. 17	现场内外的公共设施、邻近房地产、车路、人行道的保护、维护和修复		
4. 18	对公众及周边财产的保护		
4. 19	现场保安		
4. 20	物料和完成工程的保护		
4. 21	安全措施		
4. 22	冬雨季及严寒和酷热天气下施工		
4. 23	防止蚊虫滋生及老鼠生长		
4. 24	垃圾清除		
4. 25	竣工清理		
4. 26	综合机电协调施工图及机电工程的土建配合图样		
4. 27	承包商的索赔		
4. 28	质量保修责任		
4. 29	维修及操作指引手册及竣工培训		

（续）

编号	项目名称	单位	费用/元
4.30	保险		
4.31	履约保函		
4.32	放线		
4.33	民扰、对邻近房地产的干扰及扰民费		
5	劳务、物料及施工工艺		
5.01	施工规范和标准		
5.02	工人的雇佣		
5.03	禁止工人在工程现场内住宿		
5.04	材料代换		
5.05	一致性		
5.06	检验及测试		
5.07	运输、包装及储存		
5.08	材料的来源		
5.09	材料及设备适用于严寒及酷热天气		
5.10	样板		
5.11	采用商品混凝土		
6	临时工程和施工机械		
6.01	施工机械、工具、脚手架等		
6.02	承包商电梯		
6.03	安全支护		
6.04	日间标志和晚间警告灯		
6.05	承包商的车间、办公室、洗手间及货棚等		
6.06	指定的分包商及其他承包商的用地/空间		
6.07	临时消防设备		
6.08	消除积水及降水系统		
6.09	临时排水设备		

（续）

编号	项目名称	单位	费用/元
6.10	预防大雨及大风的措施		
6.11	临时水、电、通信及照明		
6.12	现场围墙、围护和有盖走道		
6.13	雇主代表及工程监理的工地办公室		
6.14	交通和施工车辆		
6.15	现场名称牌及广告		
6.16	临时道路		
6.17	临时通信		
6.18	工人生活基地		
6.19	具有危险性的施工方法		
7	指定的分包工程及其他承包工程		
7.01	指定的分包工程		
7.02	对市政工程及其他承包商的配合和支持		
7.03	给予指定的分包商及其他承包商及政府部门或市政单位的照管等		
7.04	协调工作		
7.05	承包商对指定分包商的责任		
8	合同及项目的计价		
8.01	合同条件及附件		
8.02	政府税收、收费和基金等		
8.03	措施项目的计价		
8.04	固定单价合同		
8.05	暂估量及暂定供应单价项目		
8.06	样板间/标准层		
		汇总	

上表所列措施项目皆以项为单位，由投标人按项填报费用。表中项目为工程通常所包含的措施项目内容，在工程技术规范中会有相应的工作内容说明。每个工程的具体情况不同，要依据具体的工程实际进行调整。

2）合同条件：合同条件实际也主要是对承包商的要求，必然也涉及费用，要求投标人按合同条件来填报费用，也是措施项目的构成部分，下面按 FIDIC 合同条件为例来进行说明。合同条件分为通用条件和专用条件两类，专用条件是依据工程实际情况对通用条件的调改和补充。

下面以通用条件来说明，见表 4-6。

表 4-6　措施项目（合同条件）

编号	项目名称	费用/元
1	一般规定	
1. 1~1. 14		
2	雇主	
2. 1~2. 5		
3	工程师	
3. 1~3. 5		
4	承包商	
4. 1~4. 24		
5	指定的分包商	
5. 1~5. 4		
6	员工	
6. 1~6. 11		
7	生产设备、材料和工艺	
7. 1~7. 8		
8	开工、延误和暂停	
8. 1~8. 12		

（续）

编号	项目名称	费用/元
9	竣工试验	
9.1～9.4		
10	雇主的接受	
10.1～10.4		
11	缺陷责任	
11.1～11.11		
12	测量和估价	
12.1～12.4		
13	变更和调整	
13.1～13.8		
14	合同价格和付款	
14.1～14.15		
15	由雇主中止	
15.1～15.5		
16	由承包商暂停和中止	
16.1～16.4		
17	风险与职责	
17.1～17.6		
18	保险	
18.1～18.4		
19	不可抗力	
19.1～19.7		
20	索赔、争端和仲裁	
20.1～20.8		
	汇总	

上表为了不占用更多版面，没有罗列各子项名称。在实施过程中，应按照FIDIC合同条件的内容，罗列各子项的名称，并请投标

人报价。

专用条件是对通用条件的修改和补充，也要按照上述的形式，列出表来，请投标人报价。专用条件的内容要依据每个工程的具体情况来定。

3）其他项目：在上述的工程技术规范项目和合同条件项目之外，依据《房屋建筑及装饰工程计量规范》（GB 50854—2013）附录Q，也列出了房屋建筑工程的一般措施项目，见表4-7。

表4-7　房屋建筑工程的一般措施项目

编码	项目名称	工作内容及包含范围	费用/元
011701001	安全文明施工（含环境保护、文明施工、安全施工、临时设施）	（1）环境保护包含范围：现场施工机械设备降低噪声、防扰民措施费用；水泥和其他易飞扬细颗粒建筑材料密闭存放或采取覆盖措施等费用；工程防扬尘洒水费用；土石方、建渣外运车辆冲洗、防洒漏等费用；现场污染源的控制、生活垃圾清理外运、场地排水排污措施的费用；其他环境保护措施费用 （2）文明施工包含范围："五牌一图"的费用；现场围挡的墙面美化（包括内外粉刷、刷白、标语等）、压顶装饰费用；现场厕所便槽刷白、贴面砖，水泥砂浆地面或地砖费用，建筑物内临时便溺设施费用；其他施工现场临时设施的装饰装修、美化措施费用；现场生活卫生设施费用；符合卫生要求的饮水设备、淋浴、消毒等设施费用；生活用洁净燃料费用；防煤气中毒、防蚊虫叮咬等措施费用；施工现场操作场地的硬化费用；现场绿化费用、治安综合治理费用；现场配备医药保健器材、物品费用和急救人员培训费用；用于现场工人的防暑降温费、电风扇、空调等设备及用电费用；其他文明施工措施费用	

（续）

编码	项目名称	工作内容及包含范围	费用/元
011701001	安全文明施工（含环境保护、文明施工、安全施工、临时设施）	（3）安全施工包含范围：安全资料、特殊作业专项方案的编制，安全施工标志的购置及安全宣传的费用；“三宝”（安全帽、安全带、安全网），“四口”（楼梯口、电梯井口、通道口、预留洞口），“五临边”（阳台围边、楼板围边、屋面围边、槽坑围边、卸料平台两侧），水平防护架、垂直防护架、外架封闭等防护的费用；施工安全用电的费用，包括配电箱三级配电、两级保护装置要求、外电防护措施；起重机等起重设备（含井架、门架）及外用电梯的安全防护措施（含警示标志）费用及卸料平台的临边防护、层间安全门、防护棚等设施费用；建筑工地起重机械的检验检测费用；施工机具防护棚及其围栏的安全保护设施费用；施工安全防护通道的费用；工人的安全防护用品、用具购置费用；消防设施与消防器材的配置费用；电气保护、安全照明设施费；其他安全防护措施费用 （4）临时设施包含范围：施工现场采用彩色、定型钢板，砖、混凝土砌块等围挡的安砌、维修、拆除费或摊销费；施工现场临时建筑物、构筑物的搭设、维修、拆除或摊销的费用，如临时宿舍、办公室，食堂、厨房、厕所、诊疗所、临时文化福利用房、临时仓库、加工场、搅拌台、临时简易水塔、水池等；施工现场临时设施的搭设、维修、拆除或摊销的费用，如临时供水管道、临时供电管线、小型临时设施等；施工现场规定范围内临时简易道路铺设，临时排水沟、排水设施安砌、维修、拆除的费用；其他临时设施费搭设、维修、拆除或摊销的费用	

（续）

编码	项目名称	工作内容及包含范围	费用/元
011701002	夜间施工	（1）夜间固定照明灯具和临时可移动照明灯具的设置、拆除 （2）夜间施工时，施工现场交通标志、安全标牌、警示灯等的设置、移动、拆除 （3）包括夜间照明设备摊销及照明用电、施工人员夜班补助、夜间施工劳动效率降低等费用	
011701003	非夜间施工照明	为保证工程施工正常进行，在如地下室等特殊施工部位施工时所采用的照明设备的安拆、维护、摊销及照明用电等费用	
011701004	二次搬运	包括由于施工场地条件限制而发生的材料、成品、半成品等一次运输不能到达堆放地点，必须进行二次或多次搬运的费用	
011701005	冬雨期施工	（1）冬雨（风）期施工时增加的临时设施（防寒保温、防雨、防风设施）的搭设、拆除 （2）冬雨（风）期施工时，对砌体、混凝土等采用的特殊加温、保温和养护措施 （3）冬雨（风）期施工时，施工现场的防滑处理、对影响施工的雨雪的清除 （4）包括冬雨（风）期施工时增加的临时设施的摊销、施工人员的劳动保护用品、冬雨（风）期施工劳动效率降低等费用	
011701006	大型机械设备进出场及安拆	（1）大型机械设备进出场包括施工机械整体或分体自停放场地运至施工现场，或由一个施工地点运至另一个施工地点，所发生的施工机械进出场运输及转移费用，由机械设备的装卸、运输及辅助材料费等构成 （2）大型机械设备安拆费包括施工机械在施工现场进行安装、拆卸所需的人工费、材料费、机械费、试运转费和安装所需的辅助设施的费用	

（续）

编码	项目名称	工作内容及包含范围	费用/元
011701007	施工排水	包括排水沟槽开挖、砌筑、维修，排水管道的铺设、维修，排水的费用以及专人值守的费用等	
011701008	施工降水	包括成井、井管安装、排水管道安拆及摊销、降水设备的安拆及维护的费用，抽水的费用以及专人值守的费用等	
011701009	地上、地下设施、建筑物的临时保护设施	在工程施工过程中，对已建成的地上、地下设施和建筑物进行的遮盖、封闭、隔离等必要保护措施所发生的费用	
011701010	已完工程及设备保护	对已完工程及设备采取的覆盖、包裹、封闭、隔离等必要保护措施所发生的费用	

以上列出了从三个方面来定义的措施项目，适用于不同的文件体系，也适用于不同的工程实际情况，招标人可以将这三个方面的措施项目都列出，请投标人报价，也可以采用其中的一个或两个方面来请投标人报价。这三个方面中定义的措施项目有重复，投标人可以自由选择一处报价，但不能就相同的内容重复报价。

招标文件未能列出的措施项目，可以请投标人在专项表格内列出，并报价。

（3）钢结构工程量清单　建筑工程各专业的分部分项工程量清单的编制和报价要注意以下问题：

1）工程量的编码及计算规则要依据相应的工程量计量规范来编制，如《房屋建筑及装饰工程计量规范》（GB 50854—2024）等，依据工程实际情况对计量规范的调改和补充要在清单编制说明中列出。

2）工程量要按照既定的计算规则，依据设计图样来计算，由招标人填写，投标人填报综合单价。为减少可能的计算错误，可要求投标人对工程量进行复核。结算时将不对工程量计算错误进行调整。

3）对每一项目的综合单价所包含的工作内容，依据工程实际情况对工程量计量规范的修改和补充，也要在编制说明中统一说明完善。

以钢结构工程为例，列出钢结构工程量清单，见表4-8。

表4-8 钢结构工程量清单

序号	项目编码	项目名称	项目特征描述	计量单位	工程量	金额	
						综合单价	合价
1	010601	钢屋架					
1.1	010601001001	L-S-T-201（Q345-B）	H450×400×20×40	t			
1.2	010601001002		H300×300×16×25	t			
1.3	010601001003		H400×400×16×25	t			
1.4	010601001004	L-S-T-202（Q345-B）	H600×200×10×20	t			
1.5	010601001005		H700×200×10×25	t			
2	010602	钢桁架					
2.1	010602002001	TR1（Q390）	H450×450×15×30	t			
2.2	010602002002		H450×450×25×50	t			
2.3	010602002003		BOX450×450×30×40	t			
2.4	010602002004	TR2（Q390）	BOX800×800×60×60	t			
2.5	010602002005		BOX800×1000×30×60	t			
2.6	010602002006		H800×800×30×40	t			
2.7	010602002007		H800×800×30×50	t			
3	010603	钢柱					
3.1	010603001001	实腹柱	Q345，FH400×400×35×35	t			
3.2	010603001002	实腹柱	Q345，H400×400×13×21	t			
3.3	010603002001	空腹柱	Q345，BOX500×500×30×30	t			
3.4	010603002002	空腹柱	Q345，BOX750×750×50×50	t			
3.5	010603003001	钢管柱	Q345，CHS273×10	t			
3.6	010603003002	钢管柱	Q345，CHS324×12.5	t			
4	010604	钢梁					
4.1	010604001001	钢梁A	Q345，H396×199×7×11	t			

（续）

序号	项目编码	项目名称	项目特征描述	计量单位	工程量	金额	
						综合单价	合价
4.2	010604001002	钢梁 K	Q345，H900×350×25×35	t			
4.3	010604001003	钢梁 AM	Q345，BOX400×400×10×10	t			
4.4	010604001004	钢梁 AN	Q345，BOX500×300×12×12	t			
4.5	010604001005	钢梁 Z	Q345，2L 200×125×6	t			
4.6	010604001006	钢梁 BL	Q345，[200×89×8.1×12.9	t			
5	010605	压型钢板楼板、墙板					
5.1	010605001001	压型钢板	t=0.9mm 厚　肋高 65mm				
6	010606	钢构件					
6.1	010606001001	钢支撑 Q345	XB（L 200×150×12）	t			
6.2	010606001002		RB3（H700×350×15×35）	t			
6.3	010606008001	钢梯 Q235-B	钢柱 GZ1（H200×200×8×12）	t			
6.4	010606008002		钢梁 GL1（H180×70×9×10.5）	t			
6.5	010606008003		钢梁 GL2（H250×116×8×13）	t			
6.6	010606008004		4mm 厚钢板	t			
6.7	010606008005		5mm 厚钢板	t			
7		补 1	按规定及批准深化设计、供应及加工、安装以及拆除所有临时钢构件工程，包括所有施工期间钢结构临时支撑、支架及因安装钢构件所需的临时支护及承重配件	项			

（续）

序号	项目编码	项目名称	项目特征描述	计量单位	工程量	金额	
						综合单价	合价
8		补2	按规定及经批准深化设计、供应、加工及安装金属构件与金属结构之间的连接件，及金属结构件与混凝土结构之间的连接件，包括底板、节点板、加劲板、拉条、楔子、托座、紧固件、螺母和垫圈、螺栓、钢筋与金属结构件的连接器及一切所需辅材及工作	项			
本页小计							
合计							

(4) 其他项目清单　其他项目清单主要包括暂列金额；暂估价：包括材料、设备、专业工程；记日工；总承包服务费等，由投标人按照招标文件列出的项目按项填报，此处不再赘列。

(5) 清单汇总　将上述的措施项目清单、分部分项工程清单、其他项目清单汇总后，再加上规费和税金，就可以得出总的报价。

(6) 附录　附录主要包括三项：主要材料价格表、分部分项工程量清单综合单价分析表及措施项目费分析表，须按照招标文件列出的项目按项填报。

4.3　招标投标实施阶段的重点工作

招标投标实施阶段包括发标、投标、开标、评标等一系列工作，其中有大量程序性的工作，如发标、开标，同时也有实质性的工作，如投标文件的编制，评标等，下面对实质性的工作进行论述。

4.3.1　投标文件的编制

投标文件的编制要注意以下几点，一是对招标文件的要求逐项做出实质性的响应；二是根据项目的特点、承包人自身的特点及竞争对手的情况，制订合理的投标策略；三是要充分运用不平衡报价的技巧；四是对施工技术方案可能的风险要有充分的估计，对于常规的工程项目，这一点并不突出，但对于异形的、非常规的项目，一定要充分注意。

1. 投标策略

投标是承包人与发包人，以及承包人之间一个复杂的博弈过程。通常，投标人会将关注重点放在提交一个有竞争力的报价，以及编制详细的技术投标文件上。但另一项更关键的工作不应忽视，就是在投标前，要与发包人进行充分沟通，发标后的公开答疑环节是远远不够的。通过提前沟通，不仅要将自身的实力充分展示给发包人，同时要了解发包人潜在的需求，以及大量未能反映在招标文件中的，但非常重要的信息：如发包人的工作文化、决策方式、项目的后续发展规划，发包人对分包商、材料、设备的潜在要求，发包人对钢结构工程的要求等。通过有效的沟通，才能有针对性地编制投标文件，并让发包人提前对自身实力有了充分的认可，这对于投标是否成功非常重要。当然，这种沟通并非是在购买招标文件以后才开始，而是在更早之前就要提前安排进行。

投标文件分为商务文件和技术文件两部分。

技术文件主要为施工组织设计，要针对评分标准中的各项技术要求，以及项目的特点，精心组织，认真实施，将技术文件编制得充分、详实，而且要适度的精美，引人注意。

商务文件包含的内容也很多，要按照招标文件的要求填报并提交各种证明材料。当然，最主要的还是报价。报高价通常情况下肯定是不可以的，只有两种选择，一种是适度亏本价，另一种是合理低价。

如采用适度亏本价，则策略主要是着眼于未来的收益，未来的收益无非来自于以下几个方面，①市场竞争的需要，通过低价击垮对手，占领市场；②设计文件不完善，未来工程变更费用增加的空间较大；③招标文件中，合同协议书是开口合同，未来费用增加的空间较大；④项目还有后续的发展机会可以期待；⑤其他未来可能增加收益的机会。

如采用合理低价作为常规的报价策略，至于如何为合理，则需要基于企业自身的工程技术能力，以及分析竞争对手的报价水平而定。

2. 不平衡报价技巧

不平衡报价技巧是投标人都普遍采用的策略，在不改变投标总价的基础上，调整各部分的报价，来获取将来较大的利润空间，见表4-9。

表4-9　不平衡报价的项目表

编号	不平衡的项目	可能的变化趋势	不平衡报价结果
1	资金收入的时间	预计可较早获得资金，如结构工程	单价高
		预计获得资金较晚，如装饰工程	单价低
2	清单工程量不确定	预计会增加	单价高
		预计会减少	单价低
3	招标的图样不明确	预计增加工程量	单价高
		预计减少工程量	单价低

（续）

编号	不平衡的项目	可能的变化趋势	不平衡报价结果
4	暂定工程	自己承包的可能性高	单价高
		自己承包的可能性低	单价低
5	单价组成分析表	人工费和机械费	单价高
		材料费	单价低
6	议标时招标人要求压低单价	工程量大的项目	单价小幅度降低
		工程量小的项目	单价大幅度降低
7	工程量不明确报单价的项目	没有工程量	单价高
		有假定的工程量	单价适中

4.3.2　关于评标

1. 关于评标委员会

评标前需组建评标委员会，并确定评审标准和程序。评标委员会的人员构成、资格要求都要依据相应的法律法规来确定。评标委员会由招标人负责组建，但要受招标投标管理办公室监督，成员人数为五人以上单数。招标人自身也可派人员参加评标委员会，但不得超过人员总数的1/3，其余为从评标专家库中选取的经济、技术方面的专家。

2. 关于评标方法

评标方法和程序在招标文件中已经明确。投标人可以根据评审标准的要求，有针对性地准备投标文件。

评标主要针对商务标和技术标两个方面进行评审。通常会采用百分制评分法，商务标和技术标在百分制中各自所占的比例，具体的评分方法设定，都显示了招标人的潜在需求，投标人要认真研究，并有针对性地准备报价和技术文件。

下面给出一个主体为钢结构工程的技术标评审方法示例，供读者参考，见表 4-10。

表 4-10　技术标评审方法示例（技术分满分为 50 分）

序号	评标因素	评标具体因素及标准	分值	备注
1	施工技术方案（33 分）	（1）总体施工技术方案	4	方案科学合理 3~4 分；方案可行但一般，1~2 分；方案较差 0 分
		1）项目建设整体流程说明		
		2）超高层施工技术要点与技术路线		
		3）本工程施工中的关键点描述		
		4）总承包管理体系及措施		
		（2）结构施工技术方案	7	方案科学合理 6~7 分；方案可行但一般 3~5 分；方案较差 0~2 分
		1）拟采用的主要施工控制路线		
		2）吊装中的施工控制技术		
		3）大型钢桁架安装技术		
		4）特殊工艺（如钢网架）措施		
		（3）特殊部分施工方案	3	方案科学合理 3 分；方案可行但一般，1~2 分；方案较差 0 分
		1）充分考虑酒店部分的特殊性要求		
		2）剧场舞台、机械设备的安装		
		（4）和其他专业的施工搭接	4	工作关系科学合理 3~4 分；方案可行但一般，1~2 分；方案较差 0 分
		1）结构施工与幕墙安装的关系		
		2）结构施工与精装修的关系		
		3）结构施工与机电设备安装的关系		
		（5）钢结构深化设计与加工方案	5	方案科学合理 4~5 分；方案可行但一般，2~3 分；方案较差 0~1 分
		1）方案合理，工艺先进，充分考虑厚板及消除残余应力的措施		
		2）深化设计与加工之间能统一协调，设计、加工及安装之间的流程清晰合理，能有效控制加工及安装过程中的偏差。有合理的运输计划		
		（6）土方及桩基施工方案	2	方案科学合理 2 分；方案可行但一般，1 分；方案较差 0 分
		1）土方开挖方案合理，安全有保证		
		2）钻孔灌注桩施工方案		
		3）有提高桩基承载力措施		
		4）有减少桩基沉降措施		

（续）

序号	评标因素	评标具体因素及标准	分值	备注
1	施工技术方案（33 分）	（7）大体积混凝土施工技术方案	2	方案科学合理 2 分；方案可行但一般 1 分；方案较差 0 分
		（8）冬雨期施工措施	2	措施有力 2 分；措施一般，1 分；措施较差 0 分
		1）测量、焊接的施工措施		
		2）施工机械装拆、保养措施		
		3）冬雨期施工环保措施		
		（9）与其他分包商的配合	4	方案科学合理 3~4 分；方案可行但一般，1~2 分；方案较差 0 分
		1）与机电设备安装配合		
		2）与电梯安装配合		
		3）与幕墙配合		
		4）与酒店、剧场施工配合		
		5）与其他专业施工配合		
2	质量保证体系及措施（2 分）	（1）体系组织机构健全		措施有力 2 分；措施一般，1 分；措施较差 0 分
		（2）ISO9000 系列质量体系标准		
		（3）责任到位，奖罚分明		
		（4）原材料检测		
		（5）有专职质检员全天候跟踪，每天有质量检查记录		
		（6）执行开工前申报专项方案		
3	总工期及保证措施（6 分）	（1）工期符合招标人要求		措施有力 5~6 分；措施一般 2~4 分；措施较差 0~1 分
		（2）计划工期管理方法		
		（3）工期保证措施		
		（4）周转材料及设备配置的保证措施		
		（5）劳动力保证措施		
		（6）各种资源的组织协调保证措施		

（续）

序号	评标因素	评标具体因素及标准	分值	备注
4	机械设备及劳动力配置（2分）	（1）投入机械设备是否合理		配置合理2分；配置一般，1分；配置较差0分
		（2）劳动力配置充足，且有专职岗位证书，有劳动组织方案		
		（3）有足够数量持证电焊工		
5	安全和文明施工措施（5分）	（1）安全及消防制度及措施		措施有力4~5分；措施一般，2~3分；措施较差0~1分
		（2）环境及卫生健康制度		
		（3）现场内外交通组织方案		
		（4）政府有关法规的执行措施		
		（5）组织机构健全		
		（6）防尘、防噪、防遗撒专项措施		
		（7）饮食卫生防病防疫安全		
6	现场总平面布置（2分）	（1）水平和垂直场内外交通组织		布置合理2分；布置一般，1分；布置较差0分
		（2）各阶段施工场地布置		
		（3）平面布置合理，临建设施齐全		
总分				

从评审标准来看，技术标的评分设定往往反映了招标人对工程的关注重点，要求往往比较明确。只要投标人有针对性地认真准备，很难在技术标评分上拉开距离。关键还要看报价。在评分差距不是很大的情况下，招标人往往倾向于将标授予预先较为认可的投标人。

评标委员会完成评标后，向招标人提交书面评标报告，并报送招标投标管理办公室，并推荐中标候选人1~3人，标明排列顺序。

4.4 评标后的合同签订

评标报告推荐了中标候选人，招标人在此基础上履行内部审批程序，确定最终中标人并颁发中标通知书。通常在发出中标通知书30 日内，招标人与中标人签订施工承包合同。签订合同后五个工作日内，招标人向所有投标人退还投标保证金。

签订施工承包合同是整个招标投标活动的成果，也标志着招标投标活动的结束。

施工承包合同的合同文本已包括在招标文件中，招标过程也意味着合同文本的协商和确认。颁发中标通知书后，招标人与中标人要按照招标文件和中标人的投标文件订立书面合同。

关于施工承包合同，有两点需要重点说明，一是合同形式，二是合同文本，下面分别说明。

4.4.1　合同形式

合同形式在招标策划阶段就要提前确定，并明确在招标文件中。

合同形式主要有总价合同、单价合同及成本加酬金合同，具体见表 4-11。

表 4-11　合同形式

分类	特点	应用
总价合同	总价合同中，承包单位以总价进行报价，施工过程中，建设单位容易控制造价，承包单位承担风险最大	总价合同应用比较广泛，可应用于下列情况：①施工图设计完成，施工任务和范围比较明确，施工图样和工程类清单详细而明确，业主的目标、要求和条件较为清晰。②已完成施工图审查的单体住宅工程。③承包风险不大，各项费用易于准确估算的项目等

（续）

<table>
<tr><th colspan="2">分类</th><th>特点</th><th>应用</th></tr>
<tr><td colspan="2">单价合同</td><td>单价合同中，承包单位以单价进行报价，施工过程中，建设单位承担工程量变更风险，承包单位承担单价变动风险，建设单位较易控制造价，承包单位承担风险小</td><td>单价合同应用比较广泛，可应用于下列情况：①工程内容和工程量一时尚不能明确、具体地予以规定的工程。②实际工程量与预计工程量可能有较大出入的工程等</td></tr>
<tr><td rowspan="4">成本加酬金合同</td><td>成本加百分比酬金合同</td><td rowspan="4">成本加百分比酬金合同是建设单位最难控制的造价，成本加百分比酬金合同和成本加固定酬金合同承包单位基本都没有风险</td><td rowspan="4">成本加酬金合同可应用于下列情况：①建设规模大且技术复杂的工程项目。②时间特别紧迫，如抢险、救灾工程。③采用较多新技术、新工艺的工程等</td></tr>
<tr><td>成本加固定酬金合同</td></tr>
<tr><td>成本加浮动酬金合同</td></tr>
<tr><td>目标成本加奖罚合同</td></tr>
</table>

上面的合同形式中，建设单位控制造价的难度从大到小的顺序为：成本加百分比酬金合同、成本加固定酬金合同、成本加浮动酬金合同、目标成本加奖罚合同、单价合同、总价合同。

4.4.2 合同文本

目前有两套体系的合同文本都经常使用，一是国内体系文本，二是国际通用合同文本。

1. 国内体系文本

国内体系目前也有两个文本并行实施，一个文本是由国家发改委牵头，九部委联合制定的文本体系，包括 2008 年 5 月 1 日实施的

《标准施工招标资格预审文件》和《标准施工招标文件》，2012 年 5 月 1 日实施的《简明标准施工招标文件》和《标准设计施工总承包招标文件》（以下简称《标准文件》）。另一个是住建部、原国家工商总局（现国家市场监督管理总局）制定的示范文本体系，比如《建设工程施工合同示范文本》（以下简称《示范文本》）。

《标准文件》具有强制性，适用于依法必须招标的工程项目。《示范文本》为非强制性文本，推荐性使用。

2. 国际通用合同文本

目前国际上通用且常用的是 FIDIC 合同体系文件，FIDIC 即国际咨询工程师联合会，于 1913 年成立，中国于 1996 年正式加入。FIDIC 是权威的国际咨询工程师组织。FIDIC 专业委员会编制了一系列规范性合同文件，构成了 FIDIC 合同条件体系。FIDIC 合同条件总结了各个国家、各个地区的业主/咨询工程师和承包商各方经验的基础上编制而成。

FIDIC 合同条件分成了“通用条件”和“专用条件”两部分。通用条件适用于某一类工程，如“FIDIC 施工合同条件”（通称为红皮书），适用于整个土木工程合同，专用条件则针对一个具体的工程项目，是考虑项目所在国法律法规不同，项目特点和业主要求不同的基础上，对通用条件进行的具体修改和补充。

本章工作手记

本章将工程招标分为准备阶段、实施阶段和合同签订阶段共三个阶段，并就每个阶段的招标重点工作，结合钢结构工程的特点进行了详细的讨论，内容概括如下。

工程招标投标概述	工程招标的阶段划分，并列表概括说明了工程招标投标工作的工作内容明细

（续）

招标准备阶段的重点工作	(1) 钢结构招标策略与标段划分 (2) 招标合同规划及招标控制价 (3) 招标文件的内容 (4) 钢结构建筑市场的调研 (5) 钢结构工程量清单的编制
招标投标实施阶段的重点工作	(1) 投标文件的编制：投标策略与不平衡报价的技巧 (2) 关于评标：评标委员会的组成及评标方法
评标后的合同签订	颁发中标通知书，合同形式及合同文本的确定

第 5 章　施工阶段钢结构工程造价管理

本章思维导读

施工阶段是工程实施的阶段，也是资金集中使用、有序投放的过程。项目管理者要依据施工承包合同进行工程造价的动态管理，同时要利用工程造价作为有力手段来保证工程的质量和进度。

施工阶段的造价管理，工作量大，时效性强，与工程技术密切相关。如不能有效管理，容易造成工程造价失控的后果。本章将对施工阶段造价管理，并结合钢结构工程的特点，分阶段进行较为详细的说明。

5.1　施工阶段造价管理概述

施工阶段造价管理的依据主要是施工承包合同。施工承包合同明确了施工阶段的工作内容、价格以及工作方式。上一章简单说明了施工承包合同的国内的《标准文件》和《示范文本》，以及国际通用的 FIDIC 合同条件。在此基础上，施工承包合同还要包括在招标过程中形成的文档。因此，一套完整的施工承包合同文档通常的内容见表 5-1。

表 5-1 施工承包合同文档构成表

序号	内容	分项组成	说明
1	合同协议书	合同双方的名称 合同协议事项的概括说明 合同的价格 合同的构成内容清单 合同签署页 附录：商务疑问澄清等	合同协议书较为简略，概括合同的主要事项，主要供双方签署生效
2	中标通知书		
3	投标函以及双方明示纳入合同的投标书其他部分	投标书纳入合同的部分通常包括投标技术文件及投标商务文件的部分或全部，由双方约定	
4	合同通用条件（以 FIDIC 合同条件为例）	（1）一般规定 （2）雇主 （3）工程师 （4）承包商 （5）指定分包商 （6）员工 （7）生产设备、材料和工艺 （8）开工、延误和暂停 （9）竣工试验 （10）雇主的接收 （11）缺陷责任 （12）测量和估价 （13）变更和调整 （14）合同价格和付款 （15）由雇主终止 （16）由承包商暂停和终止 （17）风险和职责 （18）保险 （19）不可抗力 （20）索赔、争端和仲裁	可根据需要采用国内的《标准文件》和《示范文本》，或国际通用的 FIDIC 合同条件

（续）

序号	内容	分项组成	说明
5	合同专用条件	合同专用条件是依据每个工程的实际情况和双方的具体约定，对合同的通用条件进行的修改和补充 合同专用条件附录：如履约保函文本、工程质量保修书文本、保留金保函文本、预付款保函文本、分包合同条件文本、供应合同文本等	
6	工程规范	（1）措施项目：临时设备、工地设施及施工措施等项目的责任与分工 （2）技术规范：合同图样目录 （3）投标过程中形成的图样疑问卷及答复，以及其他补充资料	明确了工程的具体技术要求
7	工程量清单	（1）总说明 （2）工程量清单填报须知，包括： 1）工程量清单特殊计算规则 2）工程项目内容总说明等 （3）分部分项工程量清单计价表 （4）措施项目清单计价表 （5）其他项目清单 （6）投标项目总计 （7）附录 1）主要材料价格表 2）分部分项工程量清单，综合单价分析 3）措施项目费分析表	工程量清单是工程造价的核心文件
8	投标须知及投标须知前附表		

当然，除了施工承包合同以外，施工阶段造价管理还要依据现行的各种管理法规、程序来进行，并且造价管理与其他项目管理工作，如进度管理、质量管理、范围管理、风险管理等密切相关，

每一项项目管理工作都要综合考虑各种因素后才能做出最优的选择。

施工阶段的初始，要建立项目管理的组织和工作程序，明确各方的责任和分工，让大家在明确、有序的程序下展开工作。

施工阶段的参与各方大致可以分为两个团队，一个是业主为代表的团队，还包括业主聘请的设计和监理。他们行使监督和管理的职责，确保工程达到合同要求的质量、进度和技术规范。造价管理的重点是工程造价的动态管理，确保工程造价总体可控，严格控制总承包合同外的支出。

另一个团队是总承包商以及各分包商与供应商，他们是具体的工程实施团队，按照合同要求完成工程建设。造价管理的核心任务是控制成本，争取更多的合同外收入。对于承包商来说，施工组织设计以及重要技术方案的编制和实施，对工程的顺利开展和造价控制都具有重要意义。

工程的实施大致可分为开工阶段、实施阶段和竣工阶段三个阶段。竣工阶段较为特殊，造价管理工作内容较多且比较集中，下章将做专门的论述。本章将重点讨论开工及实施阶段的造价管理工作，并结合钢结构工程的特点进行说明。下面先对开工及实施阶段的造价管理工作进行列表梳理，见表 5-2。

表 5-2 开工及实施阶段的造价管理工作明细表

序号	阶段	工作内容
1	开工阶段	编制资金使用计划及筹措资金
2		各方建立造价管理体系，明确管理程序和管理人员
3		预付款的支付
4		设计交底和图样会审
5		施工组织设计

（续）

序号	阶段	工作内容
6	实施阶段	年度资金使用计划
7		工程量按月计量，月进度款支付
8		预付款的扣回
9		设计变更及工程洽商的处理
10		工程索赔及反索赔
11		分包商及材料供应商
12		暂估价与计日工
13		质量保证金与质量保函
14		工程造价的动态管理
15		钢结构材料的采购、供应
16		钢结构的加工
17		钢结构的安装

后续章节将对上表列出的内容进行分项说明。

5.2　建立造价管理体系，明确造价管理程序

工程开始施工前需满足几个条件：

1）取得建筑工程规划许可证。

2）取得正式的用地审批手续。

3）施工图审查合格，取得施工图审查合格证书。

4）施工总承包单位招标到位，有施工合同备案表。

5）监理单位招标到位，有监理合同备案表。

6）施工现场具备施工条件，现场三通一平已落实。

7）项目资金已经落实。

8）已在质量监督主管部门及安全监督主管部门办理相应的质量、安全监督手续。

从上述的要求来看，开工前要求监理、施工承包商招标就位，

项目资金落实。工程监理受业主的委托对施工现场进行全面管理，监理工作的程序实际上代表了工程现场的管理程序，如图 5-1 所示。

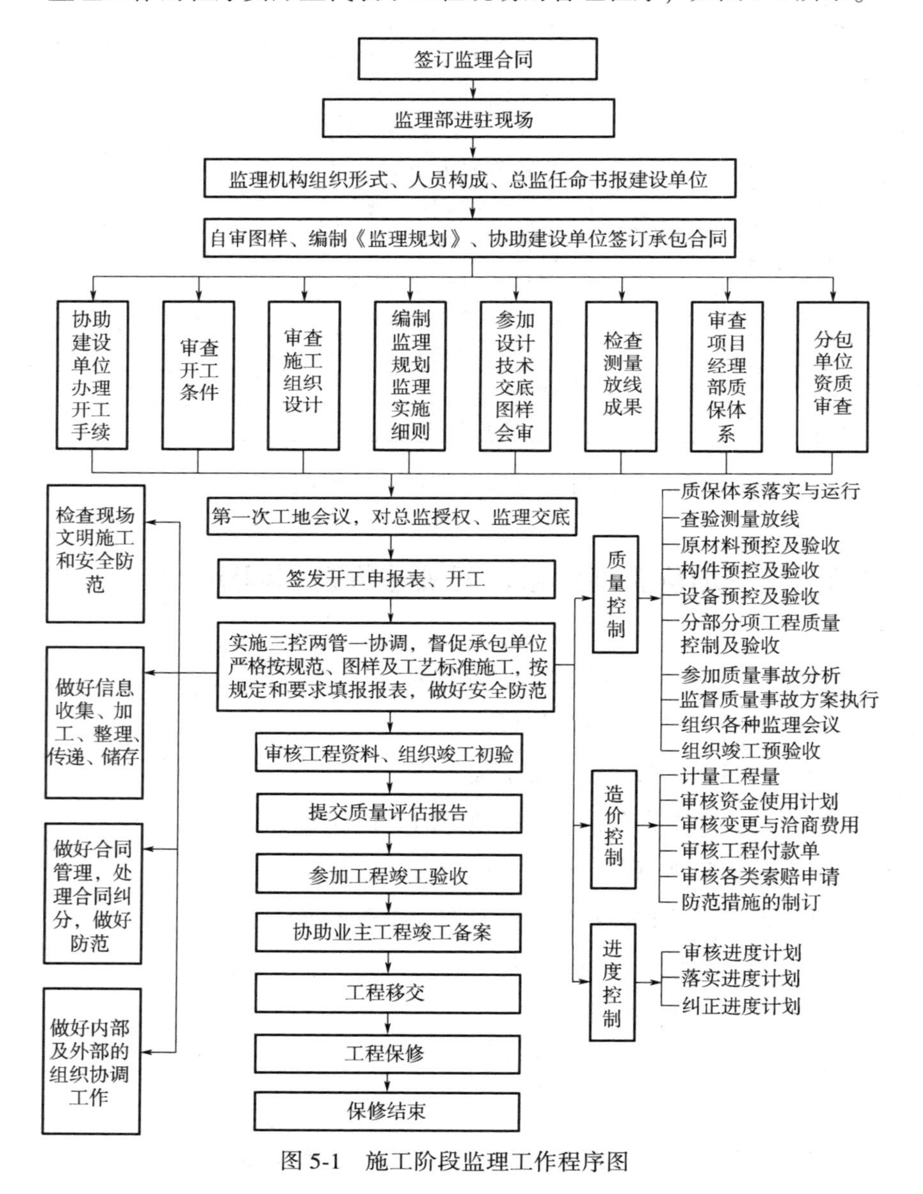

图 5-1　施工阶段监理工作程序图

从上述流程可以看出，监理的核心工作是三控两管一协调，即质量、进度、造价控制，安全与合同管理，现场协调。

开工阶段，各方均要建立合同及造价管理部门，明确管理责任人，建立例会和沟通制度，开展造价管理工作，而监理无疑要作为造价管理的中心和枢纽。

每一项造价事宜均需有一个提出人或发起人，如合同价款支付、工程索赔、分包商和供应商的确认等，这个提出人通常是总承包商。总承包商提出，并申报相关材料给监理，监理审核通过后，报设计和业主审批通过。当然也有业主发起的造价事宜，如设计变更、赶工指令等，业主发出的指令也需要先发给监理审核后，再发给总承包商。任何造价事宜的发起，都不是一个简单的商务活动，必然要涉及技术的考量，以及现场实际情况的许可。在正式文件发出前，要经过各方充分的讨论，协商确定后才能正式发出。

5.3　施工阶段的造价管理事项

施工阶段的造价管理事项较多，且多数都是技术与商务并重，需要依据工程的实际情况进行灵活处理。

5.3.1　项目资金使用计划的编制

对业主来说，签订施工承包合同之前，就需要筹措资金，为工程的开工做好准备。项目正式开工后，施工单位会编制施工组织设计，报监理和业主批准。经批准的施工组织设计中的工期节点，即是编制资金使用计划的依据。

工程开工后，业主必须要支付预付款，按月支付进度款，以及合同可能商定的特别材料和设备款等。这需要业主提前筹措资金，才能及时支付，保证工程的顺利进展。

一旦工期计划发生改变，资金使用计划也要随之调整。

5.3.2 预付款

预付款用于承包人为工程施工购置材料、工程设备、施工设备、修建临时设施以及组织施工队伍进场等。预付款的额度一般为合同额扣减暂列金额后的10%左右，预付款必须专用于合同工程。

当施工承包合同签订后，承包商就可以申请工程预付款，同时要提交预付款保函，预付款保函的担保金额应与预付款金额相同。保函的担保金额可根据预付款扣回的金额相应递减。

预付款申请经监理审核后，提交给业主批准并付款。

预付款应从每月的工程进度款中扣回，每月的承包商完成估值（不包括预付款及其扣回和保留金的扣减）的15%（比例在合同中协商确定）偿还比例分期扣减，直到预付款完全扣回为止。

5.3.3 设计交底与图纸会审

在开工阶段，业主向监理和承包商下发了正式的施工图纸，经过一段时间的阅读和消化后，业主方要组织设计交底和图纸会审，目的是为了让监理和施工承包商更好地理解施工图纸，并解答他们在看图过程中产生的疑问，并形成设计交底记录和图纸会审记录。业主、设计、监理和总包均需签字作为正式的设计文件。

设计交底与图纸会审通常只是澄清问题，不涉及工程造价的变更。但如果记录内容本身构成了实质性的设计变更，那么设计交底记录和图纸会审记录作为正式的设计文件，承包商可以据此要求相应的费用。因而在形成设计交底记录和图纸会审记录时，要注意是否形成实质性的设计变更。

5.3.4　工程进度款

工程实施过程中，业主方要按照合同约定向施工承包商支付工程进度款。支付的周期要在合同中约定，通常为一个月。

关于进度款的支付，通常有以下几个问题要注意：

1）计量：在每个计量周期末，要对本周期内已完成的工程量进行计量，计量单位同工程量清单。进度计量并不要求很准确，只是比例估算，最后实行总量控制。

2）纳入进度计量的工程，应至少完成了检验批的验收，并合格后才能够进行计量。

3）计量程序：承包人首先要提交每个计量周期内的工程量报表，监理应在收到报表后七日内进行复核确认，业主也应派专业工程师参加工程量复核并签字确认。

4）进度款付款程序：进度计量报表经承包人、监理、业主复核签字确认后，就可以进入付款程序。

5.3.5　分包商与材料供应商的选择与确认

在工程实施过程中，有大量的施工分包商及材料供应商需进行选择和确认。通常情况下，承包合同对这些分包商和材料供应商并没有明确的要求，只要他们满足国家规定的资质要求及产品质量标准，以及设计要求，承包商有权自行与满足要求的厂家询价并洽谈。成熟的承包商往往也有已成功合作过的分包商和材料供应商可供选择，这样有助于控制质量、造价和工期。

但分包商和材料供应商的选择需履行一项程序，向监理报备，即将分包商与材料供应商的资质、材料样品、产品合格证明等向监理报备。监理需对报备的材料进行审核确认。如果监理认为必要，可组织技术和商务人员对一些重要的材料和厂家进行实地考察，以确定材料的真实可靠性。如果分包商或材料供应商已在承包合同中指定了范围，则需要在指定的范围中来选择。

5.3.6 暂估价、暂估量与暂列金额

暂估价、暂估量与暂列金额这三项内容实则是同类项目。出现在承包合同中是表明其作为合同总价的有机组成部分，但具体数额有待在合同实施过程中进一步确定。确定的方式要依据实际情况来定。如果暂定的材料、设备和专业工程属于依法必须招标的范围，并达到了规定的规模标准，则发包人和承包人需通过招标的方式来确定，否则，可以通过询价或谈判的方式来确定。

最后，暂估价、暂估量或暂列金额都要依据最终实际发生的量来结算，并计入合同总价。

5.3.7 设计变更与工程洽商

设计变更与工程洽商是技术与商务并重的造价管理事项，也是承包商增加收入的主要手段之一。设计变更主要由业主和设计方提出，目的是修正设计错误、改变功能、降低造价、明确做法等，而工程洽商则往往由承包商提出，目的是为了简化做法、方便施工、加快施工进度等。

设计变更和工程洽商往往都要涉及工程造价的变化，多数情况下是增加工程造价。如果在工程施工过程中对设计变更的签署不加以有效控制，则很容易造成造价失控的后果。

但设计变更的控制往往较难，难点在于：一是对于技术优劣的权衡判断；二是变更涉及的造价变化数额判定；三是设计变更的处理往往比较紧急，现场急等施工。在这种情况下，业主、设计、监

理、施工承包商要联合建立由专业工程师牵头，造价人员共同参加的、专业及高效的变更洽商处理团队，对变更洽商涉及的技术和造价问题进行快速判断、决策，并快速签字，满足现场的施工要求。

另外，要定期对设计变更和洽商造成的工程费用变化进行汇总，评估其对整体工程造价的影响，设定预警值，这样才能对工程造价进行有效管理。

5.3.8　工程索赔和反索赔

索赔分为工期索赔和经济索赔，工期索赔往往都伴随有经济索赔。在 FIDIC 合同条款中，对索赔的条件和程序都做出了比较明确的规定。但索赔无论对业主，还是对承包商，以及工程师来说，都是一项比较困难的工作，难点在于：①索赔的责任和事实难以认定；②索赔的工期和金额难以认定；③索赔的仲裁和执行比较困难等。

虽然索赔的程序是统一的，但索赔的原因和事实往往是千变万化的，没有一定之规，责任的划分必须要具体情况具体分析，有些情况下，双方须按比例分担责任，在达不成一致的情况下还得提交仲裁。在索赔事实和责任已认定的情况下，如何确定索赔的工期和费用，也是需要经过艰苦的谈判，大量细致而艰苦的工作，才能定下来，很多情况下需要提交仲裁。

但索赔却是工程中不可避免的一部分，无论对承包商还是业主来说，都必须建立索赔和反索赔的意识，在工程中要积极地加以运用。

1. 从业主的角度看索赔

对业主来说，要控制造价，必须减少或避免索赔，甚至利用反索赔的武器来保护自己的利益。要做到这一点，可以从以下方面入手：

1）签好合同：在签合同中，要对索赔可能产生的风险进行分析，利用业主招标时的有利地位，在一定程度内在合同中将风险转嫁出去。

2）执行好合同：按照合同，做好业主项下应该做的工作，不给承包商以索赔的机会。这些容易产生索赔的工作包括：①及时向承包商提供施工场地和施工条件，如完成三通一平，完成各种报批手续，提供地下管线资料等；②及时提供施工图样，减少设计变更；③及时向承包商拨付工程款；④业主招标的指定分包商和材料、设备供应商及时到位，并及时提供材料、设备及深化设计服务；⑤减少业主和工程师的工作失误等。

3）对于一些业主难以控制的因素，如物价上涨、汇率变化、不利天气因素、政治事件等不可抗力或意外事件，应通过风险分析和管理，采取保险或风险转移等方式，如购买建筑工程一切险、与承包商共担风险等方式，将这些因素对造价的影响降低到最小。

4）反索赔：对于工程质量问题、由于承包商的原因导致的工期延误、工程保修期内的问题、其他违反合同的问题等，业主可以对承包商提出反索赔，以保护自己的利益。

5）对承包人所提出的索赔要求进行严格的审查：索赔是否具有合同依据，凡是工程项目合同文件中有明文规定的索赔事项，承包人均有索赔权，否则可以拒绝这项索赔；索赔报告中引用的索赔证据是否真实全面，是否有法律效力；索赔事项的发生是否为承包人的责任，属于双方都有一定责任的情况，确定责任的比例；在索赔事项初发时，如果承包人没有采取任何措施防止事态扩大，可以拒绝对损失扩大部分的补偿；考察索赔是否属于承包人的风险范畴，属于承包人合同风险的内容，如一般性多雨，国内物价上涨等，一般不接受因此产生的索赔要求；承包人是否在合同规定的时限内向发包人和工程师报送索赔意向通知。

2. 从承包商角度看索赔

对承包商来说，虽然说索赔比较困难，但决不可轻易放弃自己索赔的权利。首先按照合同，把自己该做的工作做好，使自己处于有利的地位。做好索赔工作，要注意以下几点：

1）要严格按照程序和时限要求进行索赔，若未按照时限要求，则可能导致索赔无效的结果：索赔事项发生后 28 天内，向工程师发出索赔意向通知；发出索赔意向通知后 28 天内，向工程师提出补偿经济损失和（或）延长工期的索赔报告及有关资料；工程师在收到承包人送交的索赔报告和有关资料后，于 28 天内给予答复，或要求承包人进一步补充索赔理由和证据；工程师在收到承包人送交的索赔报告和有关资料 28 天内未予答复或未对承包人做进一步要求，视为该项索赔已经认可；当该索赔事件持续进行时，承包人应当阶段性向工程师发出索赔意向，在索赔事件终了后 28 天内，向工程师送交索赔的有关资料和最终索赔报告，工程师答复程序同上。

2）索赔证据：证据是关系到索赔能否成功的关键。承包商一定要积极地收集证据，证据的范围非常广泛，包括招标投标文件、施工合同及附件、工程图样、技术规范、设计文件及有关技术资料、发包人认可的施工组织设计文件、开工报告、工程竣工质量验收报告；工程各项有关设计交底记录、变更图样、变更施工指令；工程各项经发包人、监理工程师签字的签证；工程各项会议纪要、协议、往来信件、指令、信函、通知、答复；施工计划及现场实施情况记录、施工日报及工长日志，备忘录；工程送电、送水，道路开通、封闭的日期记录；工程停水、停电和干扰事件影响的日期及恢复施工的日期；工程预付款、进度款拨付的日期及数额记录；工程有关施工部位的照片及录像；每天的天气记录，工程会计核算资料；工程材料采购、订购、运输、进场、验收、使用等方面的凭据；国家、省、市有关影响工程造价、工期的文件等。在索赔意向书提交后，就应从索赔事件起算日起至索赔事件结束日止，认真做好同期记录。每天均应有记录，要有现场监理工程人员的签字。索赔事件造成现场损失时，还应注意现场照片、录像资料的完整性，且粘贴打印说明后请监理工程师签字。

3）提出工期和费用索赔时，证据要确凿，理由要充分，不可漫天要价，给发包人留下恶劣的印象，最后实质上自己导致了索赔难度的增加。

最后提醒的一点是，费用索赔时可以考虑预期可得利益，所谓“预期可得利益索赔”是指因为发包人或承包人不履行或不适当履行施工合同致使另一方本可以实现和取得的财产增值的利益不能实现和取得，承包人或发包人向违约方提起的赔偿损失主张。对于承包人的施工索赔和发包人的反索赔，都可以考虑预期可得利益索赔。

5.3.9 质量保证金与质量保函

从第一个周期的工程进度款中，业主就可以按照合同条件的约定按比例扣留质量保证金，直到扣留的质量保证金总额达到专用合同条款约定的金额或比例为止。质量保证金的计算额度不包括预付款的支付、扣回以及价格调整的金额。如果合同专用条款有约定，也可以等额的质量保函来替代质量保证金。

在约定的缺陷责任期满时，承包人向业主申请到期应返还的质量保证金，业主应在 14 天内会同承包人按照合同约定的内容，核实承包人是否完成缺陷责任，如无异议，业主应当在核实后将质量保证金返还承包人。

在约定的缺陷责任期满时，承包人没有完成缺陷责任的，业主有权扣留与未履行责任剩余工作所需金额相应的质量保证金，并有权根据约定要求延长缺陷责任期，直至完成剩余工作为止。

5.4　工程造价的动态管理

5.4.1　业主角度的动态管理

对业主来说，施工阶段的工程造价动态管理非常重要，而且非常必要。虽然说在施工阶段，施工图样已经完成，工程量已具体化，并完成了工程招标工作，且签订了工程承包合同，工程造价似乎也可以控制在施工承包合同的总价范围内，但实际情况却并非如此，业主面临的造价控制风险主要在于施工合同外的费用增加，如设计变更、工程索赔、价格调整、赶工费用、不可抗力事件等。

虽然说施工总承包商会在承包合同的总价范围内自负盈亏，但追逐利益是企业的天性，如果业主放松了对合同外支出的动态管理，那么极易在结算时发现严重超支的后果。业主可以由自身的造价管理人员来进行工程造价的动态管理，也可以委托工程造价咨询机构来进行。工程造价的动态管理要贯穿于施工阶段的整个过程。工作重点是设计变更、材料价格调整、工程索赔等影响到合同价格增加的事项。工作方法是技术与商务密切协作，建立由业主、设计、监理、承包商共同参与的高效处理机制。

工程造价动态管理的成果是工程造价动态管理报告，报告的提交周期通常以季度、半年度、年度为单位，如果某些时期建设任务密集，造价事项繁多，也可以根据需要加密提交期限到一个月，保证费用的变更能够及时得到汇总、更新，为下一步的造价管理工作指明方向。

工程造价动态管理报告应包括以下内容：

1）项目批准概算金额或修正概算金额。

2）投资控制目标值。

3）拟分包合同执行情况及预估合同价款。

4）已签合同名称、编号和签约价款。

5）已确定的待签合同及其价款。

6）暂估价的执行情况。

7）本期前累计已发生的工程变更和工程签证费用。

8）本期前累计已实际支付的工程价款及占合同价款的比例。

9）本期前累计工程造价与批准概算的差值。

10）主要偏差情况及产生较大或重大偏差的原因分析。

11）按合同约定的市场价格因素波动对项目造价的影响分析。

12）以上分析的基础上，要对目前的造价管理工作进行总结，判断是否在一个合理、健康的基础上进行，管理工作是否存在问题？下一步管理工作的重点在哪里？总之，要对目前的状况进行评价，并为下一步的工作指明方向。

5.4.2 施工承包商角度的动态管理

施工阶段，施工总承包商是工地现场的管理者，也是工程的实施者，他必须在施工总承包合同的框架内，完成工程建设任务，并争取获得更多利润。获得更多利润的途径有二：一是在保证质量和进度的前提下合理控制成本；二是通过索赔、变更、调价等手段获得更多合同外收入。施工总承包商的工程造价动态管理过程更为复杂，因为施工过程中参与者众多，工序环节繁多，现场情况千变万化，造价的动态管理也更为困难。

施工总承包商的动态管理与业主的侧重点不同，它是以总承包合同的总价为控制目标，以控制资源和成本为手段，以施工组织设计及重要施工技术方案的编制和实施为管理的重点。

施工总承包商的动态管理必然由自身的造价管理人员来承担，并要做到实时更新的程度，即任何工程造价的变化都要汇总到动态管理报告中去，以适应工地现场快速变化的情况，为管理人员提供决策依据。

施工总承包商的动态管理报告实际上通常称为成本管理报告，它包括为实现项目成本目标而进行的预测、计划、控制、核算、分析和考核活动。施工承包商要建立项目全面成本管理制度，明确职责分工和业务关系，把管理目标分解到各项技术和管理过程上去。项目成本计划是管理的核心，施工承包商要围绕施工组织设计和相关文件来编制，具体可按成本组成（如直接费、间接费、其他费用等），项目结构（如各单位工程或单项工程）和工程实施阶段（如基础、主体结构、安装、装修等）进行编制，也可将几种方法结合使用。

成本控制主要依据成本计划和工程实际进展情况，不断找出偏差，分析原因并调整对策，纠正偏差，使成本始终在可控制的范围内。

施工总承包商的成本管理对于工程建设的成功非常重要，虽然承包商节省的成本并不能降低业主的工程总造价，但如果施工总承包商的成本未能得到有效控制，必然会通过各种手段向业主寻求补偿，工程也很难会进展顺利。

5.5　施工阶段的钢结构技术控制要点

施工阶段必须技术与造价并重，技术往往要先于造价，因为没有一个成功的技术路线，造价管理也无从谈起。

施工组织设计是综合的工程管理文件，它不仅包括了总体的施工技术路线，也说明了工程质量、进度、造价、安全等的管理方法和思路，是最重要的工程管理文件。

其次重要的技术方案是专项技术方案，是指为完成某项工程施工而制订的技术方案，如钢结构加工方案、钢结构安装方案等。只有确定了技术方案，才能随之确定人工、材料、机械的投入，造价管理也才能真正展开，所以要做好造价管理，必须要先从做好技术管理开始。一个建设项目涉及的工程技术方案很多，本章主要从施工组织设计以及钢结构工程相关的技术方案做概括介绍。

5.5.1 施工组织设计

施工组织设计是一个工程项目施工过程管理的纲领性文件，由施工承包商在开工阶段编制。通常包括以下内容：

1）编制依据及说明。

2）工程概况。

3）施工准备工作。

4）施工管理组织机构。

5）施工部署。

6）施工现场平面布置及管理。

7）施工进度计划。

8）资源需求计划。

9）工程质量保证措施。

10）安全生产保证措施。

11）文明施工、环境保护保证措施。

12）冬雨季及夏季高温季节的施工保证措施。

从上述内容可以看出，施工组织设计包括了施工阶段工程进度、质量、造价管理的主要信息，在施工组织设计的基础上，才能够确定整个工程的人员、材料、设备等资源的投入计划，才能够切实开展造价管理工作。施工组织设计的编制和审核要经历严格的审批程序，并报业主批准，如图 5-2 所示。

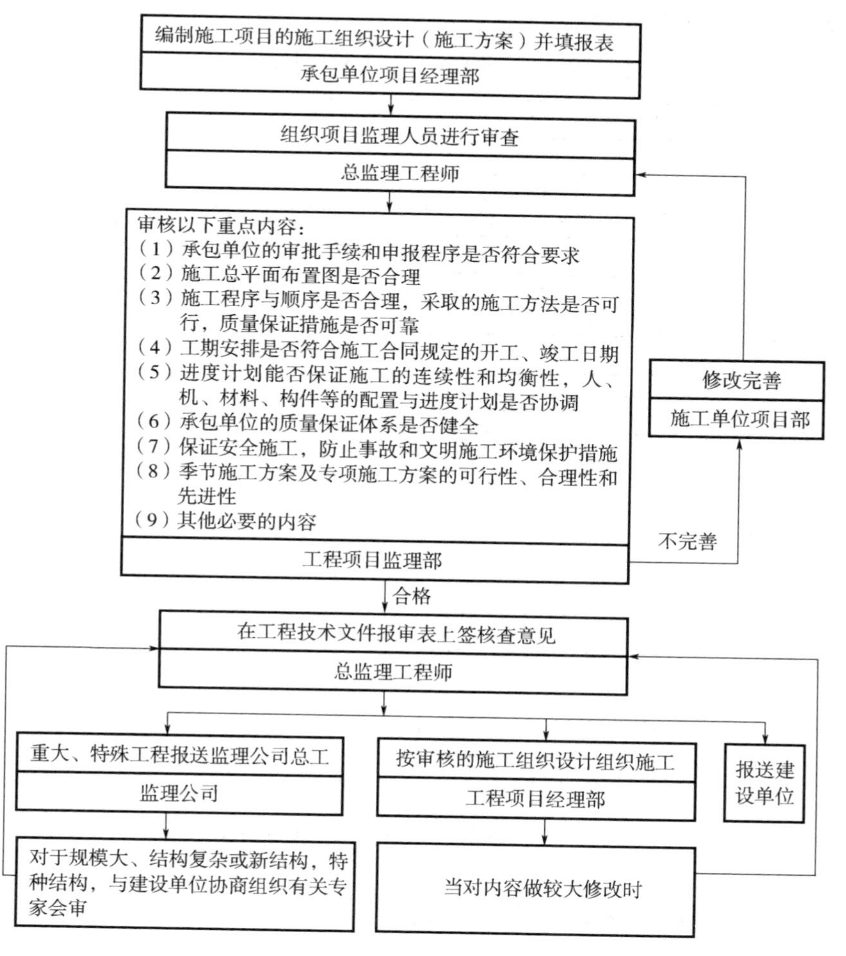

图 5-2　施工组织设计审批程序

在施工组织设计的基础上，还要编制各专项施工技术方案，如底板大体积混凝土施工方案、冬雨期施工方案、钢结构加工及安装方案等。只有做到方案先行、样板引路的前提下，才能充分保证工程的质量、进度、造价得到有效管理。

专项施工技术方案必须经过监理的审核，必要时还要组织专家论证会进行专项论证。

专项施工技术方案的审批程序如图5-3所示。

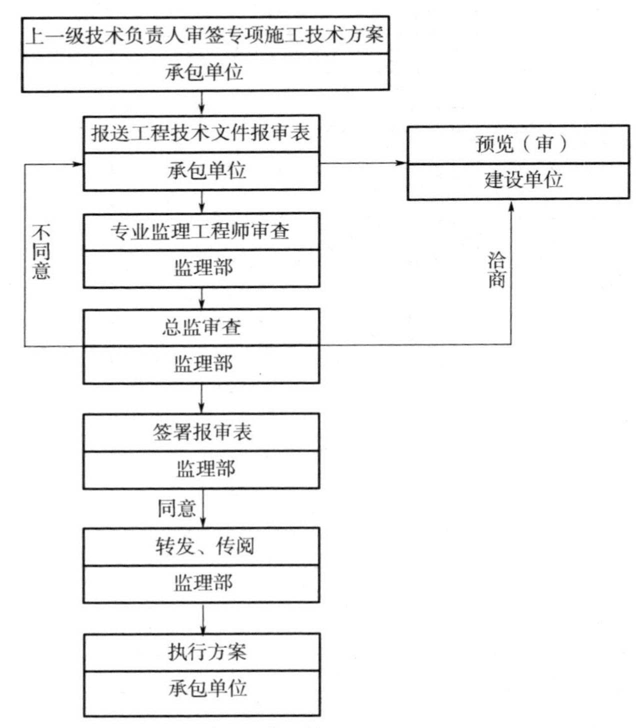

图5-3　专项施工技术方案的审批程序

5.5.2　钢结构材料的采购、供应

钢材是钢结构工程的主材，钢材的采购是工程造价管理的主要活

动之一。钢材的采购同样也是技术与商务并重的管理工作。商务上必然要进行广泛的调研，选取那些信誉可靠、质量稳定的钢厂进行采购，并采取招标或商务谈判等手段来控制价格。技术上，确定一份详尽合理的订货技术条件至关重要。订货技术条件包含的内容见表 5-3。

表 5-3　钢材订货技术条件

序号	技术指标	说明
1	强度	强度是钢材最基本的性能指标，常用的钢材强度牌号包括 Q235、Q345、Q390 等。强度通过拉伸试验来确定
2	Z 向性能	对于建筑用钢板，厚度达到 15～150mm，会要求钢板的 Z 向性能，即是指钢板沿厚度方向的抗层状撕裂性能，采用厚度方向拉力试验时的断面收缩率来评定，并以此分为 Z15、Z25 和 Z35 共三个级别。Z35 的断面收缩率不小于 35%，性能最优
3	定尺要求	是指确定钢板的交货尺寸。必须在钢结构深化设计完成后，对加工构件所需的钢板进行排版，以实现对钢板的最优利用，减少下料时的废弃率
4	质量等级	普通碳素结构钢的质量等级总体可分为 A、B、C、D 四级。对于高层钢结构焊接用钢，则分为 C、D、E 三级。钢材的质量等级评定主要是依据钢材冲击韧性的试验温度及冲击功数值
5	韧性	钢材的韧性是指在荷载作用下钢材吸收机械能和抵抗断裂的能力，反映钢材在动力荷载下的性能。通常以 V 形缺口的夏比试件在冲击试验中所耗的冲击功数值来衡量材料的韧性。冲击功以焦耳为单位，应不低于 27J。钢材的冲击韧性值受温度影响很大，易产生低温脆断。进行冲击试验时必须明确试验温度，以确定钢材等级
6	可焊性	可焊性是指钢材对焊接工艺的适应能力。碳元素是影响可焊性的首要元素。含碳量超过某一含量的钢材甚至是不可能施焊的。用碳当量来衡量钢材的可焊性。国际上比较一致的看法是，碳当量小于 0.45%，在现代焊接工艺条件下，可焊性是良好的。也可采用焊接裂纹敏感性指数来衡量可焊性

（续）

序号	技术指标	说明
7	冷弯性能	冷弯性能反映钢材经一定角度冷弯后抵抗产生裂纹的能力，是钢材塑性能力及冶金质量的综合指标。通过试件在常温下180°弯曲后，如外表面和侧面不开裂也不起层，则认为合格。弯曲时，按钢材牌号和板厚容许有不同的弯心直径 d
8	交货状态	交货状态包括热轧、控轧（温度-形变控制轧制 TMCP）、正火或淬火加回火的状态等。应根据工程的需要来确定
9	化学成分	是指钢结构所含的各种微量合金元素，如 C、Mn、Si、P、S、N 等元素的含量
10	伸长率	是表示钢材塑性的重要指标，通过标准试件的拉伸试验来测定。伸长率越高，钢材的塑性越好
11	屈强比	是指钢材的屈服强度和极限强度的比值。屈强比越低，钢材的安全储备越大
12	适用标准	是采用国内标准还是国外标准，并明确具体的标准

钢材的订货技术条件主要是在施工图设计的基础上完成的，也有的条件如定尺要求必须在深化设计完成后才能确定。

钢材依据订货技术条件进行生产、运输。钢材到达加工厂后，还需要进行钢材的复验。虽然钢材出厂之前，已经通过了检验，并具有质量证明书，为了充分保证钢材的质量，钢材到了加工厂，在加工之前，应进行复验。《钢结构工程施工质量验收标准》（GB 50205—2020）条文说明第 4. 2. 2 款也明确要求，对属于下列情况之一的钢材，应进行见证取样复验，其复验结果应符合现行国家产品标准和设计要求：①结构安全等级为一级的重要建筑使用的钢材，应进行复验。②对大跨度钢结构来说，弦杆或梁用钢板为主要受力构件，应进行复验。③板厚等于或大于 40mm，且承受沿板厚方向的拉力时，应进行复验。④对强度等级大于或等于 420MPa 的高强度钢材，应进行复验。⑤对国外进口的钢材应进行抽样复验，当具有国家进出口质量检验部门的复验商检报告时，可以不再进行复验。由于钢材经过转运、调剂等方式供应到用户后，容易产生混炉号，而钢材是按炉号和批号发材质合格证，因此对于混批的钢材应进行复验。⑥当设计提出对钢材复验的要求时，应进行复验。且复验应由具备国家认可的具备检测资质的试验室来进行，不能由加工厂自行检验，除非加工厂的试验室也具备相应资质。

上述技术措施和要求不仅仅是质量管理的要求，同时也是造价管理过程中确定造价水平的依据，对保证钢结构工程的顺利开展非常重要。

5.5.3　钢结构的加工

钢结构由梁、板、柱、支撑、节点等各种各样的构件组成，每根构件都有其加工方法。多数构件往往都是常规构件，如工字钢、箱形柱、槽钢等，都有成熟、可靠、通用的加工工艺，往往可以选用成品的型钢来降低成本。但随着钢板的加厚，构件截面的愈加复杂，则构件必须要编制专项的加工方案和工艺，不仅仅是为了保证构件的进度和质量，同时也为了确定构件加工过程中的人员、材料、设备消耗水平，进而确定其造价成本。

对一个钢结构工程项目而言，在钢结构工程开始前，非常有必要编制一个总体的钢结构加工方案，对钢结构各类构件的加工做出总体安排。

钢结构加工方案应包括以下重点内容：项目管理组织和劳动力计划、加工进度计划及工期保证措施、钢结构加工工艺制作总则及特殊构件的制作工艺，质量保证体系及保证措施等。其中最重要的是加工工艺制作总则及特殊构件的制作工艺，必须明确构件的加工工艺流程，并针对流程中的各个环节，包括构件排版下料切割、零件矫平矫直、零件组拼固定、焊前预热、焊接、焊后保温、焊接变形矫正、应力消除、端面加工、冲砂、涂装等编制详细的工艺方法和技术措施。

加工工艺流程中，各个技术环节的概念及质量控制要点见表5-4。

表5-4　钢结构加工工艺质量控制要点

序号	技术环节	质量控制要点
1	放样号料及切割	所谓放样是指核对图样的尺寸，以1∶1的比例在样板台上弹出大样，然后制作样板和样杆，作为号料、弯制、铣、刨、制孔等加工的依据。切割即根据钢板或型材上的加工线进行切割下料。切割的方法常用的有机械切割、气割、等离子切割三种，其中，气割在钢结构的制作中运用最为广泛，各种手工、半自动和自动切割机使用非常广泛，还有数控切割，是一种新型的电子计算机控制切割技术，可省去放样、画线等工序而直接切割，在大型的钢结构加工厂也在大量使用 对于以上的放样、号料及切割工序的质量控制，应着重注意以下几点： （1）放样应采用计算机进行放样，以保证所有尺寸的绝对正确 （2）钢材如有较大弯曲、凹凸不平等问题时，应先进行矫正后再号料 （3）号料时，要根据锯、割等不同切割要求和对刨、铣加工的零件，预放不同的切割及加工余量和焊接收缩量 （4）构件的切割应优先采用数控、等离子、自动或半自动气割，以保证切割精度 （5）切口截面不得有撕裂、裂纹、棱边、夹渣、分层等缺陷和大于1mm的缺棱并应去除毛刺
2	边缘加工和端部加工	在钢结构加工中，下述部位一般需要边缘和端部加工：吊车梁翼缘板、支座支承面等图样有要求的加工面；焊接坡口；尺寸要求严格的加劲板、隔板、腹板等。边缘加工的方法主要有铲边、刨边、铣边、碳弧气刨、气割和坡口机加工等。其中，气割是焊接坡口加工时最常采用的方法。边缘和端部加工应满足规范的容许偏差要求
3	零件矫平矫直	在钢板比较厚的情况下，在切割过程中由于切割边所受热量大，冷却速度快，因此切割边存在较大的收缩应力；同时，国内的超厚板材，普遍存在着小波浪的不平整，这对于厚板结构的加工制作，会产生焊缝不规则、构件不平直、尺寸误差大等缺陷，所以在钢结构加工组装前，应采用矫平机对钢板进行矫平，使钢板的平整度满足规范的要求（$2mm/m^2$）或更高的要求

（续）

序号	技术环节	质量控制要点
4	组装	也称拼装、装配、组立。组装工序是把制备完成的半成品和零件按图样规定的运输单元，装配成构件或者部件，然后将其连接成为整体的过程。简单说来就是把零件装配起来进行临时固定，并对尺寸进行调整校准，为下一步的焊接做好准备 组装的方法包括地样法、立装、卧装及胎膜装配法等。其中常用的是胎膜装配法，即将构件的零件用胎膜定位在其装配位置上的组装方法，这种方法的装配精度高，适用于形状复杂的构件，可简化零件的定位工作，改善焊接操作位置，有利于批量生产，可有效提高装配与焊接的生产效率和质量 对于组装的质量控制，应注意以下的几个方面： （1）拼装必须按工艺要求的次序来进行，当有隐蔽焊缝时，必须先予施焊，经检验合格后方可覆盖 （2）布置拼装胎具时，其定位必须考虑预放出焊接收缩量及齐头、加工的余量 （3）为减少变形，尽量采用小件组焊、经矫正后再大件组装。胎具和装出的首件必须经过严格检验，方可大批进行装配工作 （4）板材、型材的拼接，应在组装前进行；构件的组装应在部件组装、焊接、矫正后进行，以便减少构件的残余应力，保证产品的制作质量 （5）构件的隐蔽部位应提前进行涂装 （6）对于桁架的拼装，应特别予以重视：在第一次杆件组拼时，要注意控制轴线交点，其允许偏差不得大于 3mm，第一次组拼完成后进行构件的焊接。一个桁架通常会分成多个构件以便于运输，在各个构件焊接完成后，还应将所有构件一起进行整榀桁架的预拼装，对于变形超标的部位要予以调整，以保证桁架在现场能够顺利安装成功
5	焊接	钢结构焊接前应进行焊接工艺评定试验，并编制焊接工艺评定报告，焊接工艺评定报告应包括：①焊接方法和焊接规范；②焊接接头形式及尺寸、简图；③母材的类别、组别、厚度范围、钢号及质量证明书；④焊接位置；⑤焊接材料的牌号、化学成分、直径及质量证明书；⑥预热温度、层间温度；⑦焊后热处理温度、保温时间；⑧气体的种类及流量；⑨电流种类及特性；⑩技术措施：操作方法、喷嘴尺寸、清根方法、焊接层数

（续）

序号	技术环节	质量控制要点
5	焊接	等；⑪焊接记录；⑫各种试验报告；⑬焊接工艺评定结论及适用范围。焊接工艺评定合格后应编制正式的焊接工艺评定报告和焊接工艺指导书，根据工艺指导书及图样的规定，编写焊接工艺，根据焊接工艺进行焊接施工 焊接质量控制的关键是严格按照焊接工艺的要求来施焊。重点应抓住以下的环节： （1）施焊前应复查装配质量和焊区的处理情况。对接接头、自动焊角接接头及要求全焊透的焊缝，应在焊道的两端设置引弧和引出板，其材质和坡口形式应与焊件相同。埋弧焊的引板引出焊缝长度应大于 50mm，手工电弧焊和气体保护焊应大于 20mm。焊后用气割切除引板，并修磨平整 （2）引弧应在焊道处，不得擦伤母材，焊接时的起落弧点距焊缝端部宜大于 10mm，弧坑应填满 （3）多层焊接宜连续施焊，注意各层间的清理和检查 （4）焊条、焊剂和栓钉焊用瓷环在使用前必须按产品说明书及有关工艺文件规定的技术要求进行烘干 （5）常用的焊接方式主要包括手工电弧焊、埋弧自动焊、CO_2 气体保护焊等，各种焊接方式应严格控制其焊接工艺参数。手工电弧焊的工艺规范参数有焊接电流、焊条直径和焊接层次；埋弧自动焊的工艺规范参数有焊接电流、电弧电压、焊接速度、焊丝直径及焊丝伸出长度等；CO_2 气体保护焊的主要规范参数有焊接电流、电弧电压、焊丝直径、焊接速度、焊丝伸出长度、气体流量等 （6）环境温度在 0℃以上时，厚度大于 50mm 的碳素结构钢和厚度大于 36mm 的低合金结构钢，施焊前应进行预热，焊后进行后热。预热温度一般控制在 100～150℃，后热温度应由试验确定，一般后热温度为 200～350℃，保温 2～6h 后空冷。环境温度低于 0℃时，预热和后热温度应通过试验确定。预热区应在焊道两侧，每侧宽度均应大于焊件厚度的 2 倍，且不应小于 100mm。常用的加热方法主要有火焰加热法和电加热法，火焰加热法简单易行，电加热法则是用电加热板围在构件表面进行加热，加热温度均匀，保温效果好，应优先采用电加热法，但电加热法的投资较高。国家体育场工程和中央电视台新址工程均采用了电

（续）

序号	技术环节	质量控制要点
5	焊接	加热法进行预热，对于保证焊接质量非常有好处 （7）厚板的焊接过程中，须考虑防层状撕裂的措施。防止层状撕裂须考虑钢结构的设计连接方式，以及焊接工艺与连接的材料性能一致。在可能出现层状撕裂的连接中，应通过设计保证构件最大限度的柔性和最小焊缝收缩变形
6	焊接变形矫正	钢结构矫正就是通过外力或加热作用，利用钢材的塑性、热胀冷缩的特性，以外力或内应力作用迫使钢材产生反变形，消除钢材的弯曲、翘曲、凹凸不平等缺陷，以使材料或构件达到平直及一定几何形状要求，并符合技术标准的工艺方法。矫正包括原材料的矫正、成型矫正及焊后矫正等，常用的矫正方法主要是机械矫正和火焰矫正。机械矫正是通过施加外力来进行矫正，常用的矫正机械有辊式平板机、顶直矫正机、翼缘矫平机等。火焰矫正则是利用钢结构的内应力进行矫正，利用了钢材经过加热再冷却后，冷却后的长度会比原来未受热前有所缩短的特性。火焰加热采用烤枪来进行，加热方法有点状加热、线状加热和三角形加热三种方式，应根据工程需要灵活采用
7	消除焊接应力	构件焊接时产生瞬时内应力，焊接后产生残余应力，并同时产生残余变形，这是不可避免的客观规律。残余应力在结构受载时内力均匀化的过程中往往导致塑性变形区扩大，局部材料塑性下降，从而对构件承受动载条件、三向应力状态、低温环境下使用有不利影响。对于一些构件截面厚大，焊接节点复杂，拘束度大，钢材强度级别高，使用条件恶劣的重要结构要特别注意焊接应力的控制 减少焊接残余应力的措施有： （1）尽量减少焊缝尺寸，避免局部加热循环而引起残余应力 （2）减小焊接拘束度：拘束度越大，焊接应力越大，首先应尽量使焊缝在较小拘束度下焊接。如长构件需要拼接时，要尽量在自由状态下施焊，不要待到组装时再焊。并且应尽可能不用刚性固定的方法控制变形，以免增大焊接拘束度 （3）采取合理的焊接顺序：在焊缝较多的组装条件下，应根据构件形状和焊缝的布置，采取先焊收缩量较大的焊缝，后焊收缩量较小的焊缝。先焊拘束度较大而不能自由收缩的焊缝，后焊拘束度较小而能自由收缩的焊缝的原则

（续）

序号	技术环节	质量控制要点
7	消除焊接应力	（4）降低焊件刚度，创造自由收缩的条件 （5）锤击法减小焊接残余应力：在每层焊道焊完后立即用圆头敲渣小锤或电动锤击工具均匀敲击焊缝金属，使其产生塑性延伸变形，并抵消焊缝冷却后承受的局部拉应力 （6）焊后消除残余应力的方法主要有整体退火消除应力法、局部退火消除应力法、振动法等，以整体退火消除应力法的效果最好，同时可以改善金属组织的性能。振动法一般应用于要求尺寸精度稳定的构件消除应力
8	焊缝的检测和焊缝的返修	焊接完成以后，应进行焊缝的检测，以检验焊缝的焊接质量。在建筑钢结构中，一般将焊缝分为一级、二级、三级共三个质量等级，不同质量等级的焊缝，质量要求不一样，规定采用的检验比例、验收标准也不一样。结构设计规范根据结构的重要性、实际承受荷载特性、焊缝形式、工作环境以及应力状态等来确定焊缝的质量等级。焊缝的质量等级一般由设计方来确定，在设计方没有明确要求的情况下，可以按照钢结构设计标准的要求来处理 焊缝的检测分为外观检查和无损检测两项。外观检查主要是对焊缝的表面形状、焊缝尺寸进行检查，同时检查焊缝表面是否存在咬边、裂纹、焊瘤、弧坑、气孔等表面缺陷。焊缝的无损检测是采用专业的仪器对焊缝内部缺陷和表面的微小裂缝进行检查，检测方法主要有超声波探伤和磁粉探伤，射线探伤和渗透探伤因种种缺陷，目前已较少采用 超声波检测用来检测焊缝内部缺陷。对于超声波检测，规范明确要求：一级焊缝应100%进行超声波检测，二级焊缝20%进行超声波抽检，三级焊缝则不要求进行超声波检测，只需进行表观检测即可。焊缝同时也需进行表面探伤。外观检查发现有裂纹或怀疑有裂纹时，设计要求需进行表面探伤时，均需进行表面探伤。表面探伤的手段是磁粉探伤 焊缝检测完成后，必须出具焊缝检测报告，检测报告应具有CMA章，并存档备查。焊缝检测人员必须持证上岗，目前，国家的焊缝检测人员认证有冶金部、住建部及钢结构行业协会认证，分为1、2、3级，3级为最高等级 经无损检测确定焊缝内部缺陷超标时，必须进行返修。返修前应编写返修方案，经相关各方批准后予以实施。同一部位焊补次数不宜超过2次

（续）

序号	技术环节	质量控制要点
9	除锈	在钢结构构件制作完成后，应进行除锈。除锈的方法包括喷砂、抛丸、酸洗、砂轮打磨等几种方法。喷砂选用干燥的石英砂，粒径 0.63～3.2mm，除锈效果好，但对空气污染严重。在城区一般不允许使用。抛丸采用的是直径 0.63～2mm 的钢丸或铁丸，除锈效果好，可反复使用500 次以上，成本最低，目前使用最为广泛。酸洗是化学除锈，目前在钢结构工程中很少采用。砂轮打磨包括钢丝刷除锈都是手工除锈的方法 除锈等级根据除锈方法的不同分为两个系列：一是采用喷砂或抛丸除锈，分为 Sa2、Sa2½、Sa3 三个等级，Sa2½为较彻底除锈，在工程中采用较多；二是手工或动力工具除锈，分为 St2、St3 两个等级，St3 采用较多 高强螺栓连接是钢结构工程中常用的连接方法，摩擦面须经过加工和处理，确保处理后的摩擦面的抗滑移系数必须符合设计文件的要求（一般为 0.45～0.55）。摩擦面的处理一般有喷砂、抛丸、酸洗、砂轮打磨等几种方法，其中，以喷砂、抛丸处理过的摩擦面的抗滑移系数值较高，且离散率较小，故为最佳处理方法。处理过的摩擦面不宜再涂刷油漆，否则抗滑移系数必然降低，最高也只能达到 0.4。经过处理后的摩擦面是否达到要求的抗滑移系数值，须经过摩擦面抗滑移系数试验来确定
10	涂装	在钢结构表面除锈完成以后，应尽快进行防腐底漆的涂装。涂装前，应编制涂装方案及涂装工艺，并满足设计文件的要求。当设计文件对涂层厚度无要求时，一般宜涂装四到五遍，涂层干漆膜总厚度应达到以下要求：室外应为 150μm，室内应为 125μm，其容许偏差为−25μm。每遍涂层干漆膜厚度的容许偏差为−5μm。漆膜的厚度应采用漆膜测厚仪来测量 保证防腐涂装的质量关键是必须按照涂料产品说明书要求的涂装工艺来进行，对环境温度和湿度须加以控制。雨雪天不得进行室外作业。涂装应均匀，无明显起皱、流挂，附着应良好

5.5.4　钢结构的安装

钢结构的安装是钢结构工程的最后一步，也是非常关键的一步，简单来说分为起吊、就位、固定三个步骤，但实际工程项目千变万化，安装过程工序繁多，工艺复杂，在安装前应编制钢结构安装方案，来指导钢结构的安装作业。

钢结构安装方案应包括以下内容：

1）施工现场的平面布置，包括堆放场地、构件倒运安排、车辆的行走路线，塔式起重机的布置等。

2）钢结构现场焊接的工艺和技术措施。

3）现场施工测量的方案和技术措施。

4）钢结构吊装的方法和安装工艺。

5）冬雨期的施工方案和技术措施。

6）进度计划和安全措施等。

其中2）、3）、4）项是方案中最重要的部分。

保证钢结构安装质量及成功的关键是严格遵循质量管理流程，对流程中涉及的每一个技术环节都要认真准备，精心实施。

钢结构安装质量管理流程图如图5-4所示。

其中，钢结构吊装的方法和安装工艺是安装方案的核心，要根据工程实际情况，采用受力最合理、工序最简单、最经济的吊装方法。通常有以下几种方式：

1）逐根起吊的方式：这种方式适合于钢结构高层建筑，单根构件较重的情况。

2）整体起吊的方式：在地面将所有的构件拼装成一个整体，然后一起吊装就位的方式。这种方式适合于网架、网壳等整体式屋盖的吊装。

3）分区分块吊装方式：在整体吊装难以实现的情况下，可将整体结构划分为几个相对独立的区域，在地面将各分区拼装完成，并分区起吊就位后，再连接成一个整体。

4）先基层再逐根的起吊方式：这种方式适合于有转换桁架的多层结构，在地面先将转换桁架拼装完成，整体起吊至预定位置后，

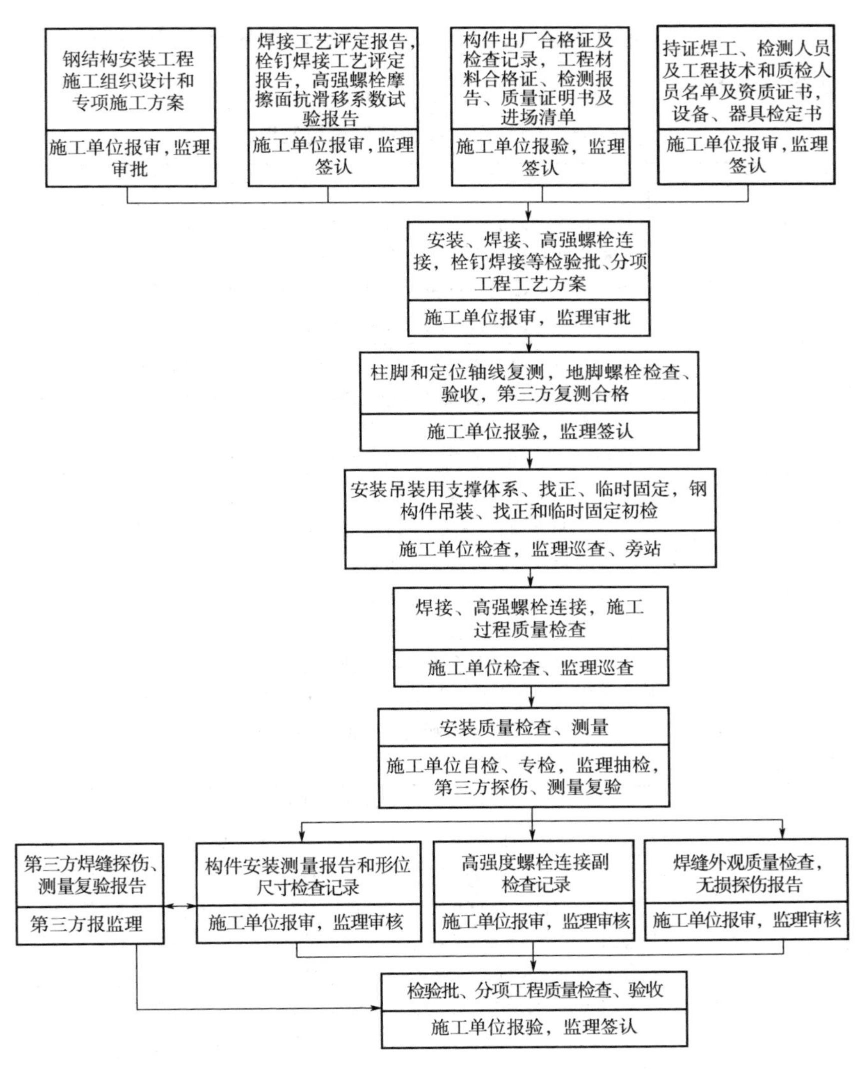

图 5-4　钢结构安装质量管理流程图

形成稳固的基层受力结构，再逐根起吊桁架上的构件。

吊装方法多种多样，要根据实际情况灵活处理，综合运用各种方式，并经过充分的受力分析验算后，确定最经济合理的方案。

安装过程包含许多必需的环节，每一个环节都要做好过程控制，要点见表5-5。

表5-5　钢结构安装过程质量控制要点

序号	技术环节	质量控制要点
1	构件的进场验收	构件进场以后，安装和加工之间应办理交接验收，应对构件的外形尺寸、螺栓孔直径及位置、连接件位置及角度、焊缝、栓钉焊、高强度螺栓摩擦面加工质量、构件表面的油漆等进行全面检查，在符合设计文件或有关标准的要求后，方能进行安装工作
2	吊装的准备工作	在吊装之前，需要做大量的准备工作，一般说来包括： （1）应在构件表面进行包括画线（作为测量依据），安装吊耳，临时固定耳板，安装临时固定缆风绳等的工作 （2）在结构吊装前，根据安装需要须安装临时支撑如胎架、支架等临时构件，在构件就位固定后再加以拆除 （3）吊装机械应加以检查，以保证运转良好，吊装之前就位，必要时应进行试吊以保证成功 （4）在吊装之前，应对安装工人进行全面深入的交底，确保人员领会安装意图，能够协同工作 （5）明确现场吊装时的统一协调指挥机制和指挥方式，确保所有参与人员能够统一行动，按照既定的安装方案来执行 （6）吊装前，还应观测天气的情况，如遇到雨雪天气，或风力大于五级，应停止吊装
3	构件的起吊就位	（1）起吊前，要对所有的准备工作再进行一遍检查，确认无误后开始起吊。起吊时，应注意起吊姿态，有助于就位。同时，起吊的过程中要注意控制起吊速度不能太快 （2）构件吊装就位后，需临时固定，可采用缆风绳临时固定。缆风绳拉结在地锚上或已安装完的构件上，如受环境条件限制，不能拉设缆风绳时，则可采用在相应方向上设置可调支撑的方式进行固定和校正，同时将临时固定耳板连接上（如果采用临时连接耳板的话）。若构件是采用高强度螺栓连接的，应先用个别螺栓穿孔连接上，或其他的临时固定方法 （3）初步固定以后，构件就可以进行测量、调整，调整的方法就是调节手拉葫芦，或采用千斤顶等辅助工具来调整 （4）构件调整到位了，如采用高强螺栓连接，就可以将高强螺栓按照一定的顺序进行终拧，构件安装完成，若采用焊接，则开始进行焊接的准备工作

（续）

序号	技术环节	质量控制要点
4	螺栓连接	（1）钢结构工程中采用的高强度螺栓主要包括大六角头螺栓和扭剪型高强度螺栓 （2）高强度螺栓的栓孔应采用钻孔成型，不得采用冲孔工艺；孔周边的毛刺、飞边，应采用砂轮磨光 （3）应对构件的摩擦面进行加工处理，可采用喷砂、抛丸、生锈等处理方法，处理后的摩擦面抗滑移系数应符合设计要求 （4）安装临时螺栓时，用冲子校正孔位，用临时螺栓进行组装，在每个节点上应穿入的临时螺栓和冲钉数，由安装时可能承担的荷载计算确定 （5）安装高强度螺栓： 1）高强度螺栓的安装，应在结构构件中心位置，经调整检查无误后即可安装高强度螺栓 2）螺栓穿入方向，应以施工方便为准，并力求一致，即节点一致，整层一致 3）高强度螺栓连接副组装时，螺母带圆台面的一侧应朝向垫圈有倒角的一侧 4）先在没有冲子和临时螺栓的孔中穿入高强度螺栓并用短扳手适当拧紧后，再用高强度螺栓取代临时螺栓和冲子，应随换随紧 5）高强度螺栓不能自由穿入时，不可用冲子冲孔，更不可将螺栓强行打入。该孔应用铰刀进行扩孔修整，扩孔数量应征得设计同意，扩孔后的孔径不应大于 1.2 倍螺栓直径。扩孔时，为了防止铁屑落入板叠缝中，应先将四周螺栓全部拧紧，使板叠密贴后再进行。严禁气割扩孔。若多数螺栓不能自由穿入时，改换连接板 6）安装高强度螺栓时，构件的摩擦面应保持干燥，不能在雨中作业 （6）高强度螺栓的紧固： 构件按设计要求组装并测量校正、安装螺栓紧固合格后，开始替换高强度螺栓并紧固，高强度螺栓紧固分为初拧、终拧。对于大型节点应分为初拧、复拧、终拧。初拧紧固至螺栓标准预拉力的 50%，终拧紧固至螺栓标准预拉力。偏差不大于±10%。高强度螺栓的初拧、复拧和终拧应在同一天完成

（续）

序号	技术环节	质量控制要点
5	焊接的准备工作与焊接（按常用的二氧化碳气体保护焊进行说明）	在焊接之前，应搭设焊接作业平台，并搭设防风防雨棚。同时检查气候条件、焊前测量结果、坡口几何尺寸、焊机、焊接工具、安全防护、二氧化碳气路、防火措施等是否满足要求。焊接前应清理坡口，检查衬板、引弧板、熄弧板是否满足要求，并按规定进行焊前预热，达到规定温度后，开始正式焊接。焊接过程中应注意控制焊接电流、电压、焊道的清理、层间温度、气体流量、压力、纯度、送丝速度及稳定性、焊道宽度、焊接速度等，严格按照专项的焊接工艺指导书来实施。焊接完成后应按规定进行后热和保温 对于柱、梁、支撑等各类构件，在焊接前应编制合理的焊接顺序，如： 1）对于箱形柱，应采用两名焊工同时对称等速焊接，才能有效地控制施焊的层间温度，消除焊接过程中所产生的焊接内应力，杜绝产生热裂纹 2）对于工字柱，焊接时首先由两名焊工对称焊接工字柱的翼缘，翼缘焊接完后再由其中一名焊工焊接腹板 3）对于工字形梁，当腹板螺栓连接时，应先焊下翼缘，再焊上翼缘；当工字形梁翼缘和腹板都采用焊接连接时，应先焊下翼缘，再焊上翼缘，最后焊接腹板；在钢梁焊接时应先焊梁的一端，待此端焊缝冷却至常温下，再焊另一端，不得在同一根钢梁的两端同时施焊，两端的焊接顺序应相同 4）对于箱形梁，为了避免仰焊，保证焊接质量，在上翼缘开封板，因此焊接时先从梁内向下焊接下翼缘。下翼缘焊接完毕后，由两名焊工同时对称焊接两个腹板，焊接完毕后割除下翼缘和两个腹板的引弧板，并打磨好。24h 后对下翼缘和腹板进行探伤，合格后安装上翼缘的封板，然后先由一名焊工依次焊接上翼缘封板的两条平焊缝，最后由两名焊工对称焊接封板与腹板之间的两条横焊缝 5）对于桁架，应遵循先下弦，再上弦，最后焊接斜撑的施工顺序 总之，在构件的焊接过程中，应充分按照同时、对称、匀速、连续的原则，按照既定的施焊顺序进行焊接，保证焊接的质量

（续）

序号	技术环节	质量控制要点
6	焊缝的检测	焊接完成后，应对焊缝进行检测，包括表观检测和无损检测
7	后期处理	临时耳板和吊耳的切除、打磨平整，表面除锈；涂刷防锈漆
8	验收	钢结构安装完成后，就可以进行钢结构分部工程的验收 钢结构分部工程验收应依照《钢结构工程施工质量验收标准》（GB 50205—2020），设计文件及有关验收标准的要求来进行。验收完成后，应形成分部工程验收文件

本章工作手记

本章先是对施工阶段的造价管理方法论进行了概括说明，然后针对钢结构工程的技术实践进行了具体讨论，内容概括如下。

施工阶段的造价管理概述	（1）施工阶段造价管理的依据：施工承包合同及相关法律法规；施工总承包合同的文件构成 （2）施工阶段造价管理工作明细
建立造价管理体系，明确造价管理程序	工程监理作为业主代表，对工地现场进行全面管理。监理工作的程序代表了现场管理的程序
施工阶段的造价管理事项	资金使用计划、预付款、设计交底和图纸会审、进度款、分包商的选择与确认、设计变更与工程洽商、工程索赔与反索赔
工程造价的动态管理	（1）业主角度的动态管理 （2）施工承包商角度的动态管理
施工阶段的钢结构技术控制要点	技术先行，样板引路是工程管理的不二法门： ①施工组织总设计；②钢结构材料的采购与供应；③钢结构的加工方案；④钢结构的安装方案

第 6 章　竣工阶段的钢结构造价管理

本章思维导读

竣工阶段的工作主要有两项，竣工验收和结算，验收通过又是结算的前提。本章将针对验收和结算这两项工作，并结合钢结构工程的特点进行讨论。

6.1　工程验收与竣工验收

工程验收包括过程验收及竣工验收。其中过程验收贯穿整个施工过程，包括检验批验收、分项工程验收、分部工程验收、单位及子单位工程验收。验收过程中要形成完备的验收文件资料。工程质量验收程序如图 6-1 所示。

竣工验收则是对建设项目的整体功能进行验收，并对过程验收的资料进行验收，并最终形成竣工验收的完整验收文档。

竣工验收不应只认为是一个最终的验收节点，它应包括建设参与各方以及政府各主管部门，为达到最终验收通过而进行的各项前置工作。这是一个复杂的过程，它通常需要的时间较长，有些政府主管部门的验收项目，如消防、人防、卫生防疫等，需要较长的时间来进行协调、检验和验收。

工程验收同样也不是一件简单的技术工作，它同样需要大量的人员、材料和设备的投入，如果验收不能顺利通过，对时间和费用的投入更是难以预计。

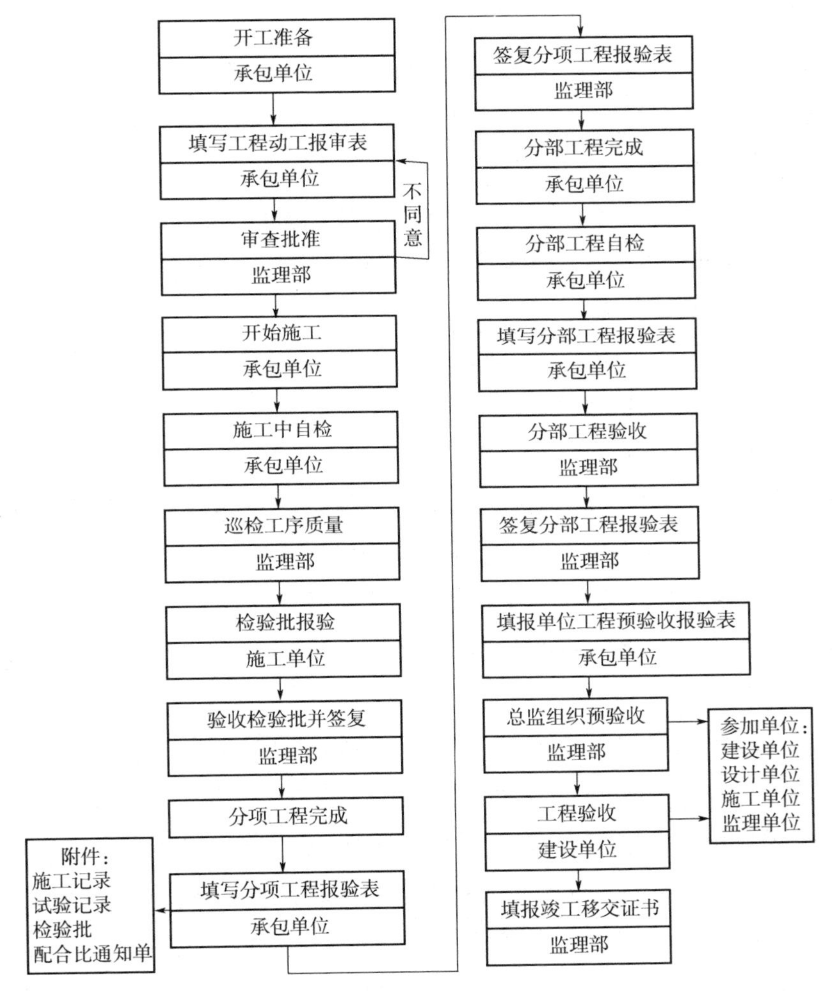

图 6-1　工程质量验收程序

下面对竣工验收的有关工作进行讨论。

6.1.1　竣工验收的条件和程序

（1）竣工验收须满足的条件

1）施工单位已按照合同要求完成了全部合同项下的工程内容，

工程质量全部合格，验收资料齐全。

2）各功能系统，包括电梯、消防、人防、空调、电气、给水排水、热力、通信网络等，均已调试完成，能正常使用，并通过了必要的第三方检测。

3）通过了消防、人防、规划、卫生、抗震、园林等政府部门的验收，并取得了验收批准文件。

4）建筑已具备各项设计功能。

5）工程竣工图已经完成，工程档案资料齐备，满足资料管理规程要求，通过了城建档案部门的验收。

（2）竣工验收的步骤

1）施工单位的工作在满足上述各项条件的基础上，提交工程竣工报告，向监理单位提出工程预验收的申请。

2）监理单位组织业主、设计、勘察及施工单位举行工程预验收，验收分为档案资料验收和现场验收两部分，发现问题及时进行整改。

3）工程预验收通过后，施工单位和监理单位联合向业主提出正式竣工验收的申请。业主将报请建委质量监督检验部门、上级主管部门、使用单位，并协同设计、勘察、监理、施工单位共同进行正式的竣工验收。验收同样分为档案验收和现场验收两部分。验收合格后，将由业主、设计、勘察、监理和施工单位共同签署竣工验收单。

4）竣工验收通过后，业主向建委主管部门备案。施工单位向业主进行工程移交，并签署工程移交证书和工程保修书，工程进入质量保修阶段。

6.1.2 竣工验收的工作明细

前面简单讲述了竣工验收的条件和程序，下面以列表的形式来对竣工验收的工作进行较为详细的说明，见表 6-1。

表 6-1　竣工验收工作明细

<table>
<tr><th>序号</th><th colspan="2">验收事项分类</th><th>验收内容</th><th>说明</th></tr>
<tr><td>1</td><td rowspan="4">建设参与各方须完成的工作</td><td>施工承包商</td><td>工程完工后，施工单位组织进行自检，自检合格，提出工程竣工报告。填写单位（子单位）工程质量控制资料核查记录、单位（子单位）工程安全和功能检查资料核查及主要功能抽查记录、单位（子单位）工程观感质量验检查记录三项核查记录，以及单位工程竣工预验收记录表</td><td></td></tr>
<tr><td>2</td><td>监理公司</td><td>收到工程竣工报告后，总监理工程师组织工程质量竣工预验收。预验收合格后，总监理工程师应当及时在施工单位提交的工程竣工报告上签署意见，并签认核查记录，并提出工程质量评估报告</td><td></td></tr>
<tr><td>3</td><td>勘察、设计单位</td><td>对勘察、设计文件及施工过程中的设计变更文件进行检查，并各自提出质量检查报告</td><td></td></tr>
<tr><td>4</td><td>建设单位</td><td>收到勘察、设计、施工、监理单位各自提交的验收合格报告后，应当按照规范要求组织单位工程质量竣工验收，并形成单位工程质量竣工验收记录</td><td></td></tr>
<tr><td>5</td><td colspan="2" rowspan="6">其他竣工验收前须完成的前置工作</td><td>是否已完成施工图样及施工承包合同约定的各项内容</td><td></td></tr>
<tr><td>6</td><td>是否有完整的技术档案和施工管理资料；是否有工程使用的主要建筑材料、建筑构配件和设备的进场试验报告、工程质量检测和功能性试验报告资料；是否已取得城建档案馆预验收文件</td><td></td></tr>
<tr><td>7</td><td>工程项目所含单位工程质量竣工验收是否合格，并形成单位工程质量验收竣工验收记录</td><td></td></tr>
<tr><td>8</td><td>建设单位是否已按合同约定了支付了工程款，有工程款支付证明</td><td></td></tr>
<tr><td>9</td><td>施工单位是否已经签署工程质量保修书</td><td></td></tr>
<tr><td>10</td><td>是否有规划行政部门出具的认可文件或者准许使用文件，建设工程规划验收意见、规划验收合格证</td><td></td></tr>
</table>

（续）

序号	验收事项分类	验收内容	说明
11	其他竣工验收前须完成的前置工作	无障碍设施是否已验收合格，有无障碍设施专项验收意见、无障碍设施验收记录	
12		对于住宅工程，质量分户验收是否已合格	
13		对于民用建筑工程，建设单位是否已组织设计、施工、监理单位对节能工程进行了专项验收，有节能工程专项验收报告及备案表	
14		商品住宅小区和保障性住房工程，建设单位是否已按分期建设方案要求，组织勘察、设计、施工、监理等有关单位，对市政公用基础设施和公用服务设施进行了验收	
15		园林绿化工程验收是否合格	
16		消防验收是否合格，有消防验收意见	
17		人防验收是否合格，有验收意见	
18		工程质量终身责任承诺书是否签署完成	
19		室内空气污染物浓度检测是否合格，有室内空气污染物浓度检测报告	
20		防雷装置验收是否合格，有防雷装置竣工验收许可意见书	
21		卫生检疫验收是否合格，有水质检测报告等	
22		电梯验收是否完成，有电梯试运行安全可靠性许可验收意见	
23		供电入网、供热入网是否完成	
24		燃气验收是否完成	
25		是否已在工程明显位置设置了永久性标牌	
26		建设主管部门及工程质量监督机构责令整改的问题是否已全部整改完毕	

上述验收工作详细列表，一方面可以作为竣工验收过程中的工作清单，另一方面也说明竣工验收过程事项繁多，需要大量的人员

和资源投入，必须及早予以安排应对。当然，竣工验收所包含的政府验收项目及程序总是在不断地微调变化中，因而项目在竣工验收前必须要咨询政府主管部门，取得最新的验收要求。

6.2　竣工结算与竣工决算

竣工结算与竣工决算是两个不同的概念。

竣工结算是指施工承包商按照合同规定的内容，全部完成所承包的工程，经验收质量合格，并符合合同要求之后，向发包人进行的最终工程价款结算。

竣工决算则是在竣工结算的基础上，对工程项目从筹建开始至项目竣工交付使用为止的全部建设费用、投资效果以及新增资产价值的汇总文件。决算文件是建设单位进行工程核算和资产交付的依据。本节讨论的重点是竣工结算，并对决算做简单介绍。

6.2.1　竣工结算的程序和依据

1. 竣工结算的程序

竣工结算的工作在竣工验收的过程中就可以同步进行，结算程序如下：

1）施工承包商收集、汇总结算的依据和资料，如合同变更、索赔等。

2）施工承包商编制初步结算报告。

3）建设单位委托造价咨询机构对结算报告进行审查，如建设单位自身有足够的审查能力，也可组织自身的人员进行审查，并最终出具结算审查报告。

4）建设单位与承包商对结算报告中的分歧进行充分协商沟通，

达成一致。最终施工承包商、建设单位共同签署竣工结算报告。

5）依据最终签署的结算报告，建设单位向施工承包商支付相应款项。

2. 竣工结算编制和审核的依据

竣工结算的编制和审核应符合现行的中国建设工程造价管理协会标准《建设项目工程结算编审规程》的要求。编制和审核的依据应包括：

1）工程招标投标文件、工程发承包合同、主要材料设备采购合同及相关文件。

2）施工图纸及竣工图纸、设计变更及工程洽商、工程签证及索赔资料。

3）工程概况、施工组织设计及专项施工技术方案。

4）工程量清单计价规范、工程预算定额等与工程相关的国家和当地的建设行政主管部门发布的工程计价依据及相关规定。

上述的造价结算依据在整个施工过程中都在不断形成并持续更新，不管是造价管理人员还是工程技术人员，都要有造价管理意识，在施工过程中不断完善、收集、整理和汇总造价依据，才能在竣工结算报告的编制过程中顺利进行。

6.2.2 竣工结算报告与审查报告

竣工结算报告与结算审查报告是工程竣工结算过程中的两个重要的成果报告。竣工结算报告由施工承包商组织编制，而结算审查报告则由业主组织编制，是对施工承包商的结算报告的审查报告，二者必须最终取得一致，才能作为结算依据。

1. 竣工结算报告的内容构成

依据《建设项目工程结算编审规程》，竣工结算报告应包括下列内容：

1）工程结算编制说明：应说明工程概况、编制范围、编制依据、编制方法、有关材料、设备参数和费用说明，及其他有关问题。

2）工程结算汇总表、单项工程结算汇总表、单位工程结算汇总表、分部分项工程结算表，上述结算表格的内容均应符合相应的规定。

3）工程结算报告同时应附有相关的附件，如包括所依据的发承包合同、调价条款、设计变更、工程洽商、材料及设备定价单、调价后的单价分析表等，与工程结算相关的书面证明材料。

2. 结算审查报告的构成

结算审查报告要针对承包商提交的结算报告，由建设单位牵头，并委托造价咨询机构来编制，其报告应包括如下内容：

（1）结算审查总说明　应阐述以下内容：工程概述、审查范围、审查原则、审查的依据、审查方法、审查程序、审查的主要结论、审查中发现的主要问题以及有关建议。

（2）关于结算审查结果内容的说明　包括：

1）主要工程子项目调整的说明。

2）工程数量增减改变较大项目的说明。

3）子目单价、材料、设备参数和费用有较大改变的说明。

4）其他涉及造价调改问题的说明。

（3）工程结算审查报告成果汇总

1）工程结算审查汇总对比表。

2）分部分项、措施、其他项目清单结算审查对比表。

3）结算审定签署表，此项表格将在与承包商就结算内容协商一致的基础上，由双方共同签署。

4）其他必要的说明。

3. 结算报告与审查报告编制过程中的主要问题

结算报告编制的最核心基础是施工招标过程中形成的工程量报价清单。工程量清单是报价的明细，主要包括三项内容，计价项目、单价和数量。而结算报告编制过程中关注的重点就在于这三项内容的变化上，结算审查报告关注的重点也在这三项内容的变化上，当然关注的侧重点不同。结算报告关注的是如何算账，而审查报告关注的是算账的依据和过程是否合理。

下面对计价项目单价和数量变化的可能情况进行说明。

(1) 计价项目的变化　依据工程量清单计价规范，计价项目主要分为三类，分部分项工程量清单、措施项目清单及其他项目清单，其中分部分项工程量清单和措施项目清单是主要内容。

计价项目的变化又分为两种情况，一是项目的增加或取消，即新增项目或取消原有项目，二是项目的构成内容发生变化，如某钢结构柱，其钢材牌号由 Q345 改为 Q390，便属于此种情况。

取消计价项目属于减项，结算时降低工程造价。增加计价项目属于增项，结算时增加工程造价。至于项目的构成内容发生了变化，则需要重新定价，要看变化项目的价格和数量的变化来确定最终是增项还是减项。

产生计价项目变化的原因是多方面的：

1) 分部分项工程清单项目的变化多数是由于设计变更，设计变更则往往是由于设计本身存在问题、设计各专业间协调的问题以及业主的功能变更指令而引起。

2) 措施项目的清单变化的原因则范围更广，设计变更、业主指令、政策变化、周围环境要求、施工方案的重大调整、不可抗力事件等。措施项目变化往往涉及索赔和现场签证，各方要在措施项目变化发生前和发生过程中及时商定费用，才能避免日后的争议。

（2）关于单价的调整　单价实际上包含两个意思，一是单位，二是价格。多数项目是可以依据单位来计量，如钢结构多以吨为单位来计量，而少数则难以用数量来计量，如安全防护、产品保护等，则以项来计价。

分部分项工程清单多数以单位来计量，措施项目少数以单位来计量，多数以项来计量。工程量清单规范的原则是发包人承担量的风险，投标人承担价格的风险，所以在施工过程中乃至竣工阶段，发包人一般都不会对价格调整，除非在承包合同中有调价条款另有约定。但对于新增的计价项目或计价项目的构成内容发生变化的情况下，则必须要商定新的价格。新价格的商定往往有两条途径：

一是参考工程量清单中类似项目的单价；二是寻找双方都认可的价格依据，如政府和社会机构发布的定额、权威造价信息、类似工程的造价数据等。当然，任何新价格的商定都要及时进行，在变化发生前或发生过程中，就要及时商定新价格，并签署价格文件。

（3）关于数量的变化　依据工程量清单计价规范的原则，以项为单位的计价项目不考虑量的变化。由于在结算时按实际发生的量来进行结算，那么工程量的变化，在结算时按实结算即可。

为了减少工程量计算的错误，发标时可要求投标人对工程量进行复核。复核后的工程量，在结算时将不再因计算错误而调整。除非工程量的变化是因为设计变更、业主指令等业主的原因而导致，才予以调整。

6.2.3　竣工决算

工程竣工决算是指在工程竣工验收、交付使用阶段，由建设单位编制的建设项目从筹建到竣工验收、交付使用全过程中实际支付的全部建设费用。竣工决算是整个建设工程的最终价格，是作为建设单位财务部门汇总固定资产的主要依据。竣工决算是由建设单位编制的反映建设项目实际造价和投资效果的文件。

工程竣工决算的编制是建设单位的责任，可自行组织造价人员编制，也可委托工程造价咨询企业编制。建设单位对其提供工程竣工决算资料的真实性、完整性、合法性负责。

竣工决算的编制可依照中国建设工程造价管理协会标准《建设项目工程竣工决算编制规程》（CECA/GC 9—2013）来进行，依照该规程，工程竣工决算成果文件应包括：

1）工程竣工决算编制成果文件宜根据建设项目的实际情况，以单项工程或建设项目为对象进行编制，包括咨询报告、基本建设项目竣工决算报表及附表、工程竣工决算说明书、相关附件等。

2）建设项目工程竣工决算编制咨询报告包括以下主要内容：

①报告名称。

②引言段。

③基本情况。

④编制范围。

⑤编制原则及方法。

⑥建设资金情况。

⑦项目投资支出情况。

⑧交付使用资产及结余资金情况。

⑨尾工情况。

⑩存在问题与建议。

⑪重大事项说明。

⑫报告声明。

⑬签署页。

3）基本建设项目竣工决算报表及附表包括：

①封面。

②基本建设项目概况表。

③基本建设项目竣工财务决算表。

④基本建设项目交付使用资产总表。

⑤基本建设项目交付使用资产明细表。

⑥应付款明细表。

⑦基本建设工程决算审核情况汇总表。

⑧待摊投资明细表。

⑨待摊投资分配明细表。

⑩转出投资明细表。

⑪待核销基建支出明细表。

4）工程竣工财务决算说明书主要包括以下内容：

①基本建设项目概况。

②会计账务处理、财产物资清理及债权债务的清偿情况。

③基本建设支出预算、投资计划和资金到位情况。

④基建结余资金形成及分配情况。

⑤概算、项目预算执行情况及分析。

⑥尾工及预留费用情况。

⑦历次审查、核查及整改情况。

⑧主要技术经济指标的分析、计算情况。

⑨基本建设项目管理经验、问题和建议，预备费动用情况。

⑩招标投标情况、政府采购情况、合同（协议）履行情况。

⑪征地拆迁补偿情况、移民安置情况。

⑫需说明的其他事项。

⑬编表说明。

5）相关附件包括建设项目立项、可行性研究报告及初步设计的批复文件、建设项目历年投资计划及中央财政预算文件、决（结）算审计或审查报告、其他与项目决算相关的资料。

6）对有特殊要求的行业，除编制上述报告内容外，还应按照相应行业工程竣工决算报告格式编制行业工程竣工决算报告。

6.3 钢结构工程的结算特点

钢结构工程竣工验收及结算都有其自身的特点，其特点与钢结构工程的技术特征相匹配，下面分别来说明。

6.3.1 钢结构工程的验收

钢结构工程属于子分部工程，其验收应依照《钢结构工程施工质量验收标准》、设计文件及有关验收标准的要求来进行。在竣工阶段，钢结构工程的验收已经完成，并已被装修层覆盖。竣工验收时，只能对先期形成的过程验收文件进行验收，重点审核过程验收文件的完整性和有效性。

这些验收文件应包括：

1）钢结构工程竣工图纸及相关设计文件。

2）施工现场质量管理检查记录。

3）有关安全及功能的检验和见证检测项目检查记录。

4）有关观感质量检验项目检查记录。

5）分部工程所含各分项工程质量验收记录。

6）分项工程所含各检验批质量验收记录。

7）强制性条文检验项目检查记录及证明文件。

8）隐蔽工程检验项目检查验收记录。

9）原材料、成品质量合格证明文件、中文标志及性能检测报告。

10）不合格项的处理记录及验收记录。

11）重大质量、技术问题实施方案及验收记录。

12）其他有关文件及记录。

6.3.2　钢结构工程结算的依据

钢结构工程结算的依据包括施工承包合同、招标投标文件、钢结构工程施工图、竣工图、设计变更、钢结构加工及安装方案、钢结构工程相关定额及造价信息等。

在竣工阶段，有一个容易产生混淆的问题，即钢结构深化设计图是否应属于竣工图并存档，并且深化设计图能否作为结算依据？

由于钢结构深化图是钢结构加工及安装的依据，是钢结构工程设计图样的有机组成部分，因而钢结构深化图应作为钢结构竣工图的有机组成部分，整理并存档。

但钢结构深化图不应被作为钢结构工程的结算依据，这是由工程量清单计价规范的工程量计算规则来决定。因为工程量清单是依据施工图来报价，是一个综合单价，已包含了深化图设计中所体现的加工措施和零部件。

6.3.3　钢结构工程的费用调整

钢结构工程在结算时的费用调整主要包括以下三个方面：

（1）钢材价格的调整　钢材是钢结构工程的主材，用量大，价格高，在建设高峰期或建设期较长的情况下，钢材的价格波动比较大。如果完全由承包商来承担价格的风险，承包商往往难以承受。通过调价来合理共担价格的风险，对保证双方的利益和工程的顺利进展都较为有利。

至于如何调价、如何确认新的价格，及该价格下的钢材采购量，则需要双方在承包合同中，商定调价公式及新价格的确认方式。

（2）关于分部分项工程清单的费用调整　钢结构工程的分部分项清单的调整变化，往往存在以下几种情况：

1）设计变更。

2）项目特征描述不符。

3）清单缺项。

4）工程量计算偏差。

在上述情况下，就要及时对清单项目进行调整，并及时商定新的综合单价，确定工作量，为结算打下基础。

（3）措施项目的调整　钢结构的措施项目主要是钢结构加工、运输、吊装过程中的各种技术措施，措施项目的调整往往是由于设计变更导致的情况，如单根构件的重量增加，则需要改用起吊重量更大的起重机；再如焊接方式的改变，则需要不同的焊接措施等。措施项目的调整费用往往以施工索赔的方式出现，在变更出现的情况下，要及时对事实进行确认，进行现场签证，按照索赔程序，在索赔时效内完成工程索赔的签证。

6.4　竣工结算后续造价管理工作

工程竣工验收通过是竣工结算的前提，虽然竣工结算文件可以提前编制，但竣工结算文件的正式签署必须在竣工验收通过后才可以。竣工结算文件签署后，就可以在时限要求内进行结算支付。

工程竣工验收通过后，并已签署了工程质量保修书，工程正式进入质量保修阶段，保修书涉及工程质量保修的范围、程序、质量保证金的支付等。下面对工程质量保修阶段的造价管理工作进行说明。

6.4.1 工程质量保修书

工程竣工后即进入到质量保修阶段，或者称为缺陷责任期。

工程质量保修书在施工招标文件中已有约定的文本，在工程竣工前必须签署。签署工程质量保修书也是工程竣工的必要条件之一。工程质量保修书规定了工程保修的主要工作事项，如保修年限、保修程序、质量保证金的支付、违约情况的处理等，下面分别说明。

1. 保修年限

建设工程保修年限是指在正常使用条件下，建设工程的最低保修期限。《建设工程质量管理条例》第 40 条规定的最低保修年限是：

1）基础设施工程，房屋建筑的地基基础工程和主体结构工程，为设计文件规定的该工程的合理使用年限。

2）屋面防水工程、有防水要求的卫生间、屋面和外墙面的防渗漏，为 5 年。

3）供热与供冷系统，为两个采暖期、供冷期。

4）电气管线、给水排水管道、设备安装和装修工程，为 2 年。

其他项目的保修年限由发包方与承包方约定。

建设工程的保修期至竣工验收合格之日起计算。

《建设工程质量管理条例》第 41 条又明确要求，建设工程在保修范围和保修期限内发生质量问题的，施工单位应当履行保修义务，并对造成的损失承担赔偿责任。

钢结构一般作为工程项目的主体结构，其保修期限是该工程的合理使用年限。

2. 工程保修的方式和程序

工程竣工并投入使用后，建设项目移交给使用单位。工程保修阶段的管理也应移交给使用单位，工程质量保修金也应做相应的安排，使之能够服务于工程保修的管理。

在工程保修期内，任何在正常使用状态下发生的质量问题，施工承包商都应给予及时的维修，如果因质量问题导致额外的损失，如因管道跑水而泡坏了家具，则承包商同样应给予赔偿。在工程质量保修书中应对质量保修的方式和程序做出明确的要求，一个建议的表述是：承包商在接到建设工程质量保修通知之日起，必须在24h内到达现场检查情况，并及时予以维修。如发生涉及结构安全或严重影响到使用功能的紧急抢修事故，承包商在接到通知后，应当立即（在4h之内）到达现场维修，如承包商未能在上述规定的时间内到达现场并及时保修，甲方可以委托他人，按原设计标准进行缺陷修复，所发生的费用将从质量保修金中扣除。或要求履行保修责任保函出具者支付所发生的费用对应质量问题。导致的额外损失，双方也应及时协商确定损失的事实和金额。

6.4.2 工程质量保证金

在施工阶段的造价管理中，已经介绍过质量保证金的有关内容。质量保证金是确保承包商能够履行缺陷保修责任的主要手段。工程竣工交付使用单位后，质量保证金也应一并交给使用单位管理。缺陷责任期满后，再返还给承包人。在施工承包合同中，也有关于质量保证金预留、返还等的具体约定，不再赘述。

本章工作手记

本章就竣工阶段的两项主要工作：竣工验收及竣工结算进行了讨论。在深入分析这两项工作的内容及重点的基础上，也针对钢结构工程的特点进行了分析。最后对工程保修阶段的造价管理工作进行了概括性说明。内容概括如下。

竣工验收	竣工验收的条件和程序 竣工验收的工作明细
竣工结算与决算	(1) 结算的程序及依据 (2) 结算报告与审查报告的内容构成 (3) 结算报告与审查报告编制过程中的主要问题 (4) 钢结构工程的结算特点 (5) 竣工决算的有关概念
工程质量保修	工程质量保修的程序与年限；工程质量保证金的管理

参考文献

[1] 郑现菊．建设工程造价管理［M］．哈尔滨：哈尔滨工程大学出版社，2023.

[2] 郭荣玲．钢结构快速入门与预算无师自通［M］．北京：机械工业出版社，2019.

[3] 牛春雷．建筑工程项目管理完全手册：如何从业主的角度进行项目管理［M］．北京：机械工业出版社，2022.

[4] 刘伊生，李成栋，齐宝库，等．建设工程造价管理基础知识［M］．北京：中国计划出版社，2021.

[5] 牛春雷．钢结构工程设计与施工管理全流程与实例精讲［M］．北京：机械工业出版社，2023.

[6] 刘富勤，陈瑶．建筑工程概预算［M］．武汉：武汉理工大学出版社，2021.

[7] 郭荣玲．建筑工程项目经理工作手册［M］．北京：机械工业出版社，2020.